快速构建 AI 应用

——AWS 无服务器 AI 应用实战

[美]　彼得·埃尔格(Peter Elger)
　　　伊恩·沙纳吉(Eóin Shanaghy)　著

殷海英　译

清華大學出版社

北　京

北京市版权局著作权合同登记号　图字：01-2022-0248

Peter Elger，Eóin Shanaghy
AI as a Service, Serverless Machine Learning with AWS
EISBN: 978-161729-615-4
Original English language edition published by Manning Publications, USA © 2020 by
Manning Publications. Simplified Chinese-language edition copyright © 2022 by Tsinghua
University Press Limited. All rights reserved.

图书在版编目(CIP)数据

　　快速构建 AI 应用：AWS 无服务器 AI 应用实战 / (美) 彼得·埃尔格 (Peter Elger)，(美) 伊
恩·沙纳吉 (Eóin Shanaghy) 著；殷海英译. —北京：清华大学出版社，2022.6
　　书名原文：AI as a Service，Serverless Machine Learning with AWS
　　ISBN 978-7-302-60942-1

　　Ⅰ.①快…　Ⅱ.①彼…　②伊…　③殷…　Ⅲ.①人工智能—应用　Ⅳ.①TP18

　　中国版本图书馆 CIP 数据核字(2022)第 091153 号

责任编辑：王　军
封面设计：孔祥峰
版式设计：思创景点
责任校对：成凤进
责任印制：曹婉颖

出版发行：清华大学出版社
　　　　　网　　　址：http://www.tup.com.cn，http://www.wqbook.com
　　　　　地　　　址：北京清华大学学研大厦 A 座　　　　　邮　　　编：100084
　　　　　社 总 机：010-83470000　　　　　　　　　　　邮　　　购：010-62786544
　　　　　投稿与读者服务：010-62776969，c-service@tup.tsinghua.edu.cn
　　　　　质 量 反 馈：010-62772015，zhiliang@tup.tsinghua.edu.cn
印 装 者：天津鑫丰华印务有限公司
经　　销：全国新华书店
开　　本：170mm×240mm　　　印　　张：18.75　　　字　　数：368 千字
版　　次：2022 年 7 月第 1 版　　　印　　次：2022 年 7 月第 1 次印刷
定　　价：98.00 元

产品编号：090582-01

译 者 序

10年前，当我们谈论人工智能时，会认为那是一个未来的发展方向，与我们的生活还有一段距离。而在5年前，我们的生活已经充斥着各种人工智能技术，从智能电话的各种美颜软件到高速公路上行驶的带有自动驾驶功能的汽车，人工智能技术几乎随处可见。即便如此，在那个时候，如果要搭建一套人工智能系统，往往也需要数天甚至数周的时间。记得当时，我在大学里讲授机器视觉和自然语言处理两门课程，在开课前，我要摸索很久来解决各种软件以及硬件的兼容性问题，并制作成一个系统镜像分发给学生。但由于学生们的硬件设备存在差异，经常导致程序报错。为了解决这个问题，我所在的学院开始与AWS合作，使用AWS的EC2作为计算资源。于是，我只需要创建好标准的软件环境镜像，然后分享给学生，大家便有了相同的学习环境。为什么选择AWS？2021年底，Gartner发布了IaaS+PaaS解决方案能力评估报告，AWS总评分排名第一，并且是唯一一家评分超过90的云提供商。此前，AWS已经连续11年被Gartner评为云服务的领导者。现在是一个云计算的时代，如果学生能够在学习期间熟悉未来工作经常使用的云环境，必将在就业市场更具竞争力。

对计算机专业的学生来说，使用系统镜像通过代码的形式完成各种人工智能任务，似乎是一件不太困难的事情。但是在选课的学生名单中，我发现越来越多的非计算机专业的学生，他们也对人工智能感兴趣。这些学生有来自我们学院对面的医学院的学生，还有许多工程专业、金融专业的学生。这让我感到欣慰的同时，也有些担心，因为他们需要花更多的时间学习计算机专业学生在其他课程中已掌握的专业技能。有没有一种更好的解决方案，让这些非计算机专业的学生能够以最小的学习成本，掌握并使用先进的人工智能技术呢？答案是肯定的，AWS将许多人工智能技术以"服务"的形式提供，只需要几行简单的脚本，甚至只需要单击几下鼠标即可完成图像识别、图像分类等人工智能工作。医学院的学生甚至实现了通过AWS图像识别服务诊断眼底病变。当然，在进行这项研究时，我们请了几位计算机专业的学生帮助他们完成了一些基础性工作。

很高兴曼宁出版社出版了本书。本书介绍了AWS提供的AI服务，包括机器视觉、语音识别、自然语言识别、语言翻译等，用通俗易懂的方式介绍了如何在短时间内搭建自己的人工智能系统。例如，通过示例讲解如何让 AI 识别图中的物体、如何通过几种技术的组合搭建聊天机器人等。这些简单而有趣的案例，可以让人工智能学习之旅变得更加轻松。希望你阅读完本书后即可快速搭建自己的人工智能系统。

在这里，我想衷心感谢清华大学出版社的王军老师，感谢他帮助我出版了多本机器学习、人工智能以及高性能计算的译作，感谢他为我提供一种新的与大家分享知识的方式。另外，我还想感谢我的学妹陈嘉雯，感谢她对本书译稿的文字及代码进行修改和校对。

殷海英

埃尔赛贡多，加利福尼亚州

2022 年 4 月

序　言

在过去的 20 年里，人工智能在我们的生活中扮演了十分重要的角色。它在幕后为我们提供各种服务，世界各地的公司都在使用人工智能技术改善搜索结果、产品推荐和广告，甚至帮助医护人员提供更准确的诊断。人工智能技术无处不在，在不久的将来，我们都将搭乘自动驾驶汽车出行！

随着人工智能地位的不断上升，对相关技能的需求也随之上升。拥有机器学习或深度学习专长的工程师常常被大型科技公司高薪聘用。与此同时，我们接触到的所有应用程序都希望使用人工智能来改善其用户体验。但具有相关技能，并获取必要的数据来训练这些 AI 模型的能力仍然是进入人工智能领域的重大障碍。

幸运的是，云服务提供商正在提供越来越多的人工智能服务，不再需要你淹没在收集、清理数据和训练人工智能模型的繁重劳动中。例如，AWS 允许你通过使用 Amazon Personalize 实现与 Amazon.com 提供产品推荐的相同服务，或者通过 Amazon Transcribe 实现 Alexa 的语音识别技术。其他云提供商(GCP、Azure、IBM 等)也提供类似的服务，通过这些服务，日常应用程序中随处可见 AI 的身影。随着这些服务不断改进并更容易获得，除了更专业的工作之外，人们将不再需要训练自己的 AI 模型。

很高兴终于看到这本专注于利用这些 AI 服务而不是训练 AI 模型的书出版。本书以通俗易懂的语言解释了人工智能和机器学习中的重要概念，并准确描述了它们的含义，内容翔实。本书的美妙之处在于它不仅仅是"如何使用来自 AWS 的这些 AI 服务"，还包括如何以无服务器方式构建应用程序。它涵盖了从项目组织到持续部署的各个方面，以及有效的日志记录策略，还包括如何使用服务和应用程序指标来监控应用程序。本书后面的章节介绍了集成模式，以及如何将 AI 技术融入现有应用程序的真实示例。

无服务器是一种心态，也是一种思考软件开发的方式，它将业务及客户的需求放在首位，旨在通过利用尽可能多的托管服务，以最少的努力创造最大的业务价值。这种思维方式提高了开发人员的生产力和程序运行的速度，并且通常利用 AWS 等顶级云服务商所提供的服务，开发更具扩展性、弹性和安全性的应用程序。

　　无服务器是软件开发的趋势和未来，本书将帮助你开启无服务器开发之旅，并向你展示如何将 AI 服务集成到无服务器应用程序中，从而增强用户体验。可以说是一石二鸟！

崔　岩

AWS 无服务器英雄

独立顾问

前　言

第四次工业革命即将来临！未来十年，基因编辑、量子计算，当然还有人工智能(AI)等领域可能会取得巨大进展。我们大多数人每天都在与人工智能技术互动。这不仅仅是指自动驾驶汽车或自动除草机。人工智能在我们的日常生活中无处不在。例如当你访问亚马逊网站时，网站即刻给出产品推荐；你与航空公司进行的航班改签的在线聊天对话，或者银行给你发送的简讯，警告你的账户可能存在欺诈交易。所有这些例子都是由人工智能和机器学习技术驱动的。

现实将越来越多地要求开发人员在他们所构建的产品和平台上添加人工智能功能及相关接口。当然，人工智能和机器学习的早期使用者已经在这样做了。然而，这需要大量的研发投入，通常需要一个数据科学家团队来训练、测试、部署和操作定制化的人工智能模型。借由强大的商品化力量，这种情况正在迅速改变。

在 Nicholas Carr 2010 年的畅销书 *The Big Switch* 中，他将云计算比作电力，并预测我们最终将把计算资源作为一种消费能源。虽然我们还没有真正达到这种程度，但可以预示，这种消费模式正在迅速成为现实。

你可以从云原生服务的范围和能力的爆炸性增长中看到这一点。云堆栈的商品化催生了无服务器计算范式。我们相信，无服务器计算将成为未来构建软件平台和产品的标准架构。

随着应用程序堆栈商业化的广泛应用，人工智能也正在迅速成为一种商品，例如主流云服务提供商在图像识别、自然语言处理和聊天机器人等领域提供的 AI 服务，这些 AI 服务的数量和能力正逐月迅猛增长。

我们工作的 fourTheorem 公司每天都在使用这些技术，通过应用人工智能服务来帮助客户扩展和改进他们现有的系统。我们帮助客户采用无服务器架构和相关工具来加速他们的平台开发工作，并且利用我们的经验帮助重构客户的遗留系统，以便它们可以更有效地在云端运行。

正是无服务器和 AI 服务这两种技术的快速增长和商业化，以及我们将它们应用于实际项目的经验，促使我们撰写了本书。我们希望提供一份工程师的工作指南，帮助你在 AI 即服务方面取得成功，并祝你在探索这个精彩的软件开发新世界时一切顺利！

作 者 简 介

彼得·埃尔格是 fourTheorem(一家技术咨询公司、AWS 合作伙伴)的联合创始人兼 CEO。彼得在英国 JET Joint Undertaking 公司开始他的职业生涯，在那里他花了 7 年时间为核聚变研究创建采集、控制和数据分析系统。他在广泛的研究和商业软件领域中担任过技术领导职务，包括软件灾难恢复、电信和社交媒体。在创立 fourTheorem 之前，彼得是两家公司的联合创始人兼 CTO：Stitcher Ads(一个社交广告平台)和 NearForm(一家 Node.js 咨询公司)。彼得目前研究的重点是通过应用尖端的无服务器技术、云架构和机器学习为客户提供商业价值。他的经验涵盖了从构建大型分布式软件系统到领导实施这些系统的国际团队的各个方面。彼得拥有物理学和计算机科学双学位。

伊恩·沙纳吉有幸从 20 世纪 80 年代中期开始在 Sinclair ZX Spectrum 上编程。这是第一件他不想拆卸的电子产品。如今，他试图将软件系统拆开。伊恩是 fourTheorem 的联合创始人兼 CTO。他是架构师也是开发人员，在为初创公司和大型企业构建和扩展系统方面拥有丰富的经验。伊恩经历过许多不同的技术时代，从 2000 年的基于 Java 的分布式系统到近年来的全栈多语言容器和无服务器应用程序。伊恩拥有都柏林圣三一学院的计算机科学学士学位。

致　　谢

咨询任何一本技术书籍的作者，他们都会告诉你完成一本书需要大量的时间和精力，也需要他人的大力支持。我们要感谢很多人，本书的完成离不开他们的帮助。

首先，我们要感谢我们的家人，感谢他们给予我们的支持、理解和耐心。Eóin 要感谢他的妻子 Keelin，感谢她无尽的耐心、精神支持和不可或缺的技术审查。他还想感谢 Aoife 和 Cormac，他们是世界上最优秀的孩子。Peter 想感谢他的女儿 Isobel 和 Katie，感谢她们带来的欢乐。

Eóin 和 Peter 要感谢 fourTheorem 的联合创始人 Fiona McKenna，感谢她对本书的信任，以及她在诸多领域的支持和专业知识。如果没有她，我们不可能完成本书。

万事开头难，我们感谢那些在开始时帮助我们的人。Johannes Ahlmann 提供了很多思路，并经常与我们讨论本书的内容，本书的成功离不开他的帮助。James Dadd 和 Robert Paulus 在本书创作中提供了宝贵的支持和反馈。

我们也要感谢曼宁出版社团队，是他们让本书顺利出版。我们特别要感谢开发编辑 Lesley Trites，感谢她的耐心和支持。还要感谢技术开发编辑 Palak Mathur 和 Al Krinker，他们的审查和反馈提供了极大的帮助。感谢项目编辑 Deirdre Hiam、文稿编辑 Ben Berg、校对 Melody Dolab 和审查编辑 Ivan Martinović，感谢他们的大力支持与帮助。

我们要感谢崔岩为本书撰写序言。他是一位杰出的架构师和无服务器技术的拥护者，感谢他对我们的支持。

非常感谢所有审阅者对文本和示例的反馈和改进建议：Alain Couniot、Alex Gascon、Andrew Hamor、Dwight Barry、Earl B. Bingham、Eros Pedrini、Greg Andress、Guillaume Alleon、Leemay Nassery、Manu Sareena、Maria Gemini、Matt Welke、Michael Jensen、Mykhaylo Rubezhanskyy、Nirupam Sharma、Philippe Vialatte、Polina Keselman、Rob Pacheco、Roger M. Meli、Sowmya Vajjala 和 Yvon Vieville。

特别感谢技术校对 Guillaume Alleon，他对代码示例进行了仔细的审查和测试。

最后，我们要感谢更广泛的开源社区，我们为能够参与其中感到自豪。这让我们能够站在巨人的肩膀上不断攀升。

关于封面插图

　　《快速构建 AI 应用——AWS 无服务器 AI 应用实战》封面插图的标题是"Homme de la Forêt Noire",意思是"来自黑森林的人"。这幅插图摘自雅克·格拉斯特·德·圣索维(1757—1810)的《法国服饰》(*costume civil actuels de tous les peuples connus*),于 1788 年在法国出版。书中收集了来自不同国家的华服,每一幅插图都是手工精细绘制和着色的。格拉斯特·德·圣索维繁多的藏品种类,鲜活地提醒我们,200 年前,世界各地的城镇和地区在文化上的差异如此巨大。人们彼此隔绝,说着不同的方言和语言。无论是在街上还是在乡村,只要看一看他们的衣着,就很容易知道他们住在哪里,从事什么行业,在社会中处于什么地位。

　　从那时起,我们的穿着方式发生了改变。地域的多样性,在当时是如此丰富,但现在已经逐渐消失了。现在很难区分不同地域的居民,更不用说区分不同的城镇、地区或国家了。也许我们用文化多样性换取了更多样化的个人生活——当然是为了更多样化和快节奏的科技生活。

　　在这个计算机书籍同质化严重的时代,曼宁出版社用两个世纪前地区生活的丰富多样性的书籍封面,来庆祝计算机行业的创造性和主动性,利用格拉斯特·德·圣索维的图片提醒我们生活中存在的多样性。

关 于 本 书

《快速构建 AI 应用——AWS 无服务器 AI 应用实战》是作为构建支持人工智能的平台和服务的指南而编写的。这本书的目的是教会你运行人工智能程序，并快速生成结果，远离困境。人工智能和机器学习是一个很大的话题，如果你想掌握这些学科，有很多知识需要学习。我们无意劝阻任何人这样做，但如果你需要快速取得成果，本书将助你一臂之力。

本书探讨了两项不断发展且日益重要的技术：无服务器计算和人工智能。我们从开发人员的角度审视这些内容，从而为你提供实用的操作指南。

所有主要的云供应商都在竞相提供相关的人工智能服务，例如：

- 图像识别
- 语音到文字及文字到语音的转换
- 聊天机器人
- 语言翻译
- 自然语言处理
- 推荐系统

上面所列的服务会随着时间的推移而不断增加。

让人兴奋的是，你不必成为 AI 或机器学习专家即可使用这些产品。本书将指导你把这些服务应用于日常开发工作中。

随着 AI 服务的发展，现在可以使用无服务器技术，以最少的运营开销构建和部署应用程序。我们相信，在未来几年内，本书中描述的工具、技术和架构将成为企业平台开发标准工具包的一部分。本书将带你快速上手，并帮助你使用无服务器架构创建新系统，并将 AI 服务应用于现有的平台。

本书的目标读者

《快速构建 AI 应用——AWS 无服务器 AI 应用实战》是为负责实施 AI 增强型平台和服务的全栈及后端开发人员编写的。本书对于希望了解如何通过 AI 增强和改进其系统的解决方案架构师及产品经理也很有帮助。DevOps 专业人员将获得有关构建和部署系统的"无服务器方式"的有价值见解。

本书组织路线图

本书分为 3 个部分，涵盖 9 个章节。

第 I 部分提供了一些背景知识，并介绍了一个简单的无服务器 AI 系统：

- 第 1 章介绍了过去几年无服务器计算的兴起，解释了为什么无服务器代表了真正的以效用为中心的云计算。在此之后，本章提供了人工智能的简要概述，以便让没有该主题经验的读者了解必要信息。
- 第 2 章和第 3 章快速构建了一个使用现成图像识别技术的无服务器 AI 系统。读者可以部署并测试这个系统，探索如何使用图像识别技术。

第 II 部分深入探讨开发者在使用无服务器和现成 AI 时需要掌握的工具和技术：

- 第 4 章讨论了如何构建和部署一个简单的无服务器 Web 应用程序，然后，介绍更重要的如何以无服务器的方式保护应用程序。
- 第 5 章探讨了如何将人工智能驱动的接口添加到无服务器的 Web 应用程序中，包括语音到文本、文本到语音和会话聊天机器人接口。
- 第 6 章提供了关于如何成为一名使用这种新技术堆栈的开发人员的具体建议，包括项目结构、CI/CD 和监控——大多数开发人员掌握无服务器和 AI 技术时都需要用到这些组件。
- 第 7 章详细介绍无服务器 AI 如何应用于现有系统或遗留系统。在这里，提供了关于通用模式的建议，并通过一些解决方案说明这些模式的应用场景。

第 III 部分着眼于如何将前两部分的内容整合到一个完整的 AI 驱动系统中：

- 第 8 章通过一个无服务器的网络爬虫例子讨论如何大规模地收集数据。
- 第 9 章着眼于如何使用 AI 即服务，从无服务器网络爬虫收集的数据中提炼有价值的数据。

读者应该仔细阅读第 1 章的内容，从而了解本书研究内容的基础，并密切关注第 2 章的内容，在第 2 章描述了如何创建开发环境。建议你按照顺序阅读本书，因为每一章都通过实例展开讲解，并且内容都逐章递进。

关于代码

本书提供了许多实例的源代码，包括有编号的代码清单和正文中的代码段。在这两种情况下，源代码均以固定字体显示，以区分正文。有时，代码也用粗体显示，以突出显示对本章前述代码的改动，例如当将一个新特性添加到现有代码行时。

在许多情况下，原始源代码已经被重新格式化，添加了换行符，并重新调整了缩进，以适应印刷版面。在少数情况下，即使这样还是不够，所以在代码清单中使用行延续标记(➥)。此外，正文中引用代码时，通常会从代码清单中删除源代码中的注释。大多代码清单中都使用代码注释来强调重要概念。本书的示例源代码可以扫描封底二维码下载。

目　录

第 I 部分　基础知识

第 I 部分讲述的是人工智能的基础内容，可帮助你快速了解 AI 即服务。第 1 章着重讲述人工智能和无服务器计算的历史和发展，以及当前最先进的技术，并将 AWS 上的服务按照标准架构结构进行分类。第 2 章和第 3 章深入研究并创建一个无服务器图像识别系统，作为我们的第一个 AI 即服务平台。

第 *1* 章

两种技术

本章主要内容：

- 云端环境
- 什么是无服务器
- 什么是人工智能
- 摩尔定律的普及
- 标准的 AI 即服务架构
- Amazon Web Services 上的规范架构

欢迎阅读本书！本章从工程视角探索两种爆炸性发展的技术：无服务器计算和人工智能。所谓工程视角是指本书将为你提供一个实际操作指南，让你在无须学习大量理论内容的情况下，将人工智能作为一种服务应用到工作中。

我们假设，你像大多数人一样听说过这些主题，并好奇为什么我们把这两个看似不相关的主题合并到一本书中。我们将在接下来的章节中看到，这些技术的结合有可能成为企业级开发的现实标准。这一组合将为软件开发人员以及他们所服务的企业提供巨大的力量，以增强和改进现有系统，并快速开发和部署新的人工智能平台。

世界正变得越来越数字化——你可能听说过"数字化转型"这个词。这通常是指将当前使用的电子表格、本地数据库甚至根本没有软件运行的现有人工业务流程，转换为在云端平台运行的过程。无服务器(serverless)为我们提供了一个工具链来加速数字化转型，并且越来越多的 AI 技术成为这些转型的核心部分，并用计算机取代所有或部分这些人工操作的业务流程。

要求软件开发人员实现这些平台的声音日益增多，大多数从事软件行业的人都需要熟练地设计、开发和维护这些类型的系统。

你现在是不是在想，"我对人工智能一无所知！这听起来真的很难，我是否需要成为人工智能专家？"别着急，你不必成为数据科学家或机器学习专家即可构建无服务器 AI 系统。正如你将在本书中看到的，大部分艰苦的工作已经以"现成的"云端 AI 服务的形式完成了。软件开发人员只需要使用这些组件设计解决方案即可。

让我们用一个简单的例子说明这个概念。假设有一家连锁酒店。要想成功经营酒店并盈利，需要完成很多的工作。例如，客房定价。如果定价太高，没有人会预订；如果定价太低，公司会有损失。负责该项工作的员工需要依据经验来核定房价，并综合考虑同业竞争、全年销售时长、天气以及当地可能举办的活动等因素。定价后，这些价格将在广告中发布，但会随着当地条件的变化和房间预订的状况不断调整。

这个过程非常适合 AI 即服务的平台，因为它是一个不断优化的问题。利用云原生服务，我们可以通过快速开发服务来获取和存储适当的数据：通过 API 访问或从网站上获取有关当地事件的信息。可以使用现成的 AI 模型来解释抓取的数据，并且可以交叉训练现有的神经网络，来预测最佳房价。房价可以通过另一个服务自动发布。现在，仅通过连接云原生 AI 服务和数据服务，就可以利用非常有限的 AI 知识来实现这一点。

如果你的主要兴趣是开发简单的网站或低级通信协议，那么 AI 即服务可能不会引起你的关注。然而，对于绝大多数软件专业人士来说，AI 即服务将对你的职业生涯产生重大影响，而且这种影响将很快发生。

1.1　云端环境

从事软件行业的人都至少对云计算有一个基本的了解。云计算最初是在别人的硬件上运行虚拟服务器的一种机制，这通常被称为基础设施即服务(Infrastructure as a Service，IaaS)。它现在已经发展成为一套更丰富的按需服务，可以满足各种计算负载。目前主要的云服务商有 3 家：亚马逊、谷歌和微软。AWS(Amazon Web Services)一直是云端基础设施的最主要提供商，AWS 提供了一系列功能极其丰富的产品。

截至 2020 年 3 月，三大平台提供的服务范围非常相似。表 1-1 列出了来自亚马逊、谷歌和微软的常用服务的数量[1]。

---

[1] 信息来源：https://aws.amazon.com/products/、https://cloud.google.com/products/以及 https://azure.microsoft.com/en-us/services/。

表 1-1 截至 2020 年 3 月，三大云服务商的云服务数量

服务类型	AWS	Google	Azure
AI 和机器学习	24	20	42
计算	10	7	20
容器	4	8	10
开发	12	16	11
数据库	12	6	12
存储	10	6	17
IoT(物联网)	12	2	22
网络	11	11	20
安全	18	28	10
其他	85	119	115
总计	198	223	279

需要了解的云服务种类繁多，每种服务都有自己特定的 API。我们永远都无法了解所有这些服务的细节，那么如何才能更好地理解这一切，并成为出色的工程师呢？随着新服务的不断添加和更新，这种情况也在不断变化。

我们的目标应该是理解架构原则，以及如何从这些服务组合中实现特定的业务目标；持续关注这些服务类型，并深入研究一个子集，以便可以根据需要(想实现的结果)快速启用一个全新的服务。

图 1-1 展示的是 AI 即服务平台的抽象框架。

该模型建立在对 4 大支柱的理解之上。

- 体系结构：采用无服务器计算的有效架构模式是什么？
- 开发：最好的开发工具、框架和技术是什么？
- AI：可用的机器学习和数据处理服务有哪些？如何更好地使用它们解决业务问题？
- 运维：我们如何有效地将这些服务投入生产并管理它们的运行状态？

本书将通过构建一个包含机器学习服务(如聊天机器人和语音转文字)的示例系统来探索人工智能的每个应用；将探索高效的无服务器开发框架和工具，并提供关于如何在无服务器环境中有效调试的帮助和建议。本书还将介绍如何将 AI 工具和技术应用于平台操作，以及如何保护一个无服务器的平台。

我们可以看到现有的软件架构经验如何转移到无服务器领域，并为 AI 即服务平台开发一个规范的架构，这将帮助我们将每种云服务应用到工作中。全书都会使用这个体系结构，并将它作为示例系统的参考模型。

图 1-1　高效的 AI 即服务工程

接下来将探索无服务器和人工智能的发展，并略述每个主题的简史。这个重要的背景将帮助我们理解这些技术的发展，以及人工智能和云计算这两个看似复杂的领域如何发展到今天。本章集中讲解大部分的理论知识，从第 2 章开始进入代码实操环节。

1.2　什么是无服务器

鉴于术语"无服务器"没有正式的定义，我们将它描述为一个解决方案。

无服务器计算是云端应用计算的一种形式，其中云服务供应商为用户动态管理底层资源。它提供了底层基础设施之上的抽象级别，消除了终端用户的管理负担。

无服务器软件是云端软件的一种形式，它避免了基础设施(例如服务器或容器)的显式创建和管理。服务器和容器这些传统的计算资源由云服务提供商进行管理和运维。这就是所谓的功能即服务(Functions-as-a-Service，FaaS)。无服务器应用程序不必创建大量的专用资源，如数据库、文件存储或消息队列。它们依赖云提供商提供的管理服务，这些服务可以自动扩展，从而处理大量的工作负载。无服务器应用程序的收费模式也很友好。与无论资源是在使用还是空闲都为其付费不同，云服务提供商通常只在调用相关功能和使用托管服务时收费。这可以节省大量成本，并确保基础设施成本与具体使用量保持一致。

无服务器计算的原理概括如下：

- 服务器和容器被按需执行的云函数所取代。
- 托管服务和第三方 API 优先于定制资源。
- 架构主要是事件驱动和分布式的。
- 开发人员专注于构建核心产品，而不是底层基础设施。

术语"无服务器"可能有点言过其实，因为这个服务链中必须有一台服务器。该术语是想强调，使用无服务器技术时，作为用户，我们不再需要关心底层的基础设施。云服务供应商通过 FaaS 和其他托管服务，在底层基础设施上提供了抽象级别。

从某种意义上说，计算的历史与网络抽象化程度息息相关。在操作系统抽象化之前，早期用户只能寄希望于物理磁盘扇区和寄存器。伴随着一系列越来越复杂的抽象化，编程语言已经从低级的语言(如汇编语言)发展到动态的现代编程语言(如 Python)，无服务器也诞生了。

任何从事软件开发的人，无论是开发人员、DevOps 专家、产品经理还是高级技术人员，都知道我们行业的变化速度不同于其他任何行业。想象一下，其他职业，例如医生、牙医、律师或土木工程师，必须以软件行业那样疯狂的速度更新他们的知识库，这简直让人无法想象。

技术的不断更新是一把双刃剑，许多人都喜欢使用最新的、最好的技术堆栈，但又经常面临选择悖论，因为可供选择的语言、平台和技术种类繁多，层出不穷。

选择的悖论

《选择的悖论：用心理学解读人的经济行为》(*The Paradox of Choice Why More is Less*)是心理学家巴里·施瓦茨(Barry Schwartz)所写的一本书，他在书中提出的论点是，更多的选择实际上会导致消费者焦虑。他认为，一个成功的产品应该将选择的数量限制在几个不同的类别中。这与编程语言、框架和平台的情况类似，我们确实有太多的可选方案。

许多在这个行业工作了一段时间的人都对最新的技术趋势或框架持怀疑态度。然而，我们相信无服务器和当前的 AI 浪潮代表了一个真正的范式转变，而不仅仅是一个短期趋势。

1.3　对速度的需求

计算机工业的历史和发展是一个引人入胜的话题，许多书籍都介绍了这个主题。虽然我们不能在这里深入地讨论这个话题，但了解一些关键的历史趋势及其背后的力量很重要。这将帮助我们看到，无服务器实际上是这段历史的下一个发展阶段。

1.3.1 早期情况

计算的历史可以追溯到古代，当时有算盘之类的工具。历史学家认为，第一个已知的计算机算法是由 Ada Lovelace 在 19 世纪为 Charles Babbage 实现的。计算的早期发展关注的是单一目的、笨拙的系统，它被设计用来实现单一目标。随着 1964 年第一个多任务操作系统 MULTICS 的研发，现代软件时代才真正开始，其后是 UNIX 操作系统的研发。

1.3.2 UNIX 哲学

UNIX 操作系统是 20 世纪 70 年代由肯·汤普森和丹尼斯·里奇在贝尔实验室发明的。最初的 AT&T 版本衍生了许多衍生产品，最著名的也许是 Linux 内核和相关的发行版。对计算历史感兴趣的读者可以好好看看，图 1-2 展示的是 UNIX 族谱。正如图中所绘的，最初的系统产生了许多成功的派生系统，包括 Linux、Mac OS X 和 BSD 系列操作系统。

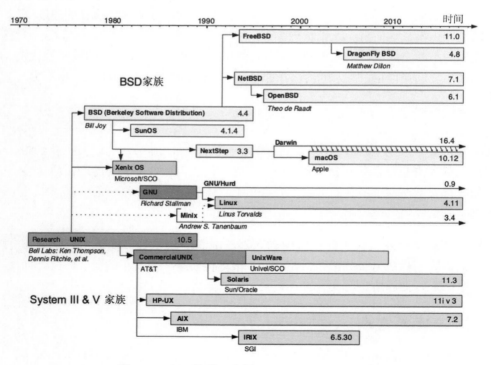

图 1-2   UNIX 族谱。来源：http://mng.bz/6AGR

也许比操作系统更重要的是围绕原始 UNIX 技术发展起来的相关理论，概括如下：

- 编写只处理一件事、并把事情做好的程序。
- 编写可以一起工作的程序。
- 编写处理文本流的程序——通用接口。

提示 关于这个主题的完整解释，请参阅 Brian Kernigan 和 Rob Pike 编著的 *The UNIX Programming Environment* (Prentice-Hall，1983)。

这种系统设计方法首次将模块化的概念引入软件开发中。在此，我们应该注意到，这些原则可以应用于任何底层操作系统或语言。例如，在 Windows 编程环境中使用 C#就可以完全有效地应用 UNIX 理论。

这里要理解的关键是单一职责原则——编写具有单一焦点的程序或模块。

单一焦点

为了说明程序单一焦点的概念，请考虑以下 UNIX 命令行工具：

- ls 知道如何列出目录中的文件。
- find 在目录树中搜索文件。
- grep 知道如何在文本中搜索字符串。
- wc 知道如何计算文本中的行数或单词数。
- netstat 列出打开的网络连接。
- sort>按数字或字母顺序排序。
- head 返回输入内容的前 n 行。

上面每个单独工具都相当简单，但可以将它们组合在一起，来完成更复杂的任务。例如，以下代码给出了系统上侦听 TCP 套接字的数量：

```
$ netstat -an | grep -i listen | grep -i tcp | wc -l
```

下例显示目录树中的最大的 5 个文件：

```
find . -type f -exec ls -s {} \; | sort -n -r | head -5
```

在软件领域，把一件事做好的哲学是一股强大的力量。它推动着我们编写更小的代码单元。相比那些大型的相互连接的代码单元，小的代码单元更容易理解，也更容易得到正确的结果。

1.3.3　面向对象和模式

这个最初的简捷的、模块化的方法在很大程度上已经被业界遗忘，人们转而使用支持面向对象的范式。在 20 世纪 80 年代末和 90 年代初，C++等语言越来越受欢迎。在软件模式运动的推动下，面向对象的范式承诺：代码可以通过继承和多态等机制在对象级别重用。事实证明，这一愿景从未实现，正如著名的香蕉、猴子、丛林问题中讽刺的一样。

> **香蕉、猴子和丛林问题**
>
> 香蕉、猴子、丛林问题是指现实世界中面向对象代码库的重用问题。它可以这样理解：我想要一根香蕉，但当我伸手去拿时，却发现一只猴子也抓住了这根香蕉。不仅如此，这只猴子还抓住了一棵树，所以我把整个丛林都抓住了。
>
> 下面的代码片段说的正是这个问题：
>
> ```
> public class Banana {
>     public Monkey Owner {get;}
> }
> public class Monkey {
>     public Jungle Habitat {get;}
> }
>
> public class Jungle {
> }
> ```
>
> 为了使用 Banana 类，首先需要为它提供一个 Monkey 实例。为了使用 Monkey 类，则需要为它提供一个 Jungle 实例，等等。这种耦合是作者在大多数面向对象代码基中遇到的一个真实的问题。

在这个时期，Web 出现之前，系统倾向于作为单一的模块来开发和构建。对于大型系统来说，由超过一百万行代码组成一个单一的可执行文件是很正常的。

1.3.4　Java、J2EE 和.NET

面向对象的流行趋势从 20 世纪 90 年代一直持续到 21 世纪，在此期间，Java 和 C#等语言风靡一时。然而，这些系统的性质开始从桌面交付转向分布式、网络感知的应用程序。这一时期见证了应用服务器模型的兴起，其特点是大型的单个代码库、大量具有海量存储过程的关系数据库以及用于分布式通信和互操作性的 CORBA/COM。部署操作通常需要每 3～6 个月进行一次，需要几周的计划和系统停机窗口。

> **CORBA 和 COM**
>
> 公共对象请求代理体系结构(Common Object Request Broker Architecture)是一种遗留的二进制通信协议，它在 21 世纪早期非常流行。公共对象模型(Common Object Model，COM)是特定于微软的 CORBA 替代方案。目前，这两种技术大部分都被 RESTful API 取代了，见图 1-3。

图 1-3   2000 年左右的企业软件开发(*Ploughing with Oxen*，George H. Harvey，1881)。

来源：http://mng.bz/oRVD

仔细想想，21 世纪早期的软件研发可以比作农业的早期。在当时，它是革命性的。但与后来的情况相比，它是缓慢的，笨拙的，不灵活的，劳动密集的。

1.3.5   XML 和 SOAXML 以及 SOA

从那时起，业界开始采用 XML(可扩展标记语言)作为配置和通信的一切手段，随着 SOAP 和所谓的 SOA(面向服务的架构)的出现，它的发展达到顶峰。这是由对解耦和互操作性的渴望所驱动的，并以对开放标准收益的初步理解为基础。

> **SOAP**
>
> SOAP(简单对象访问协议)是一种基于 XML 的文本协议，被吹捧为 CORBA 和 COM 的高级替代方案。由于其基于文本的特性，SOAP 具有比 CORBA 或 COM 更好的跨平台互操作特性。然而，与现代基于 JSON 的 RESTful API 相比，它的体量仍然较大，且使用起来非常麻烦。

1.3.6   Web speed

在互联网繁荣(以及随后的崩溃)的推动下，企业软件开发发生了变化，软件即服务(SaaS)模型开始受到关注。该行业正在将 Web 转变为主要的应用程序交付机制，最初用于面向外部客户的使用，后来越来越多地用于内部企业交付。在此期间，对快速交付软件的需求不断增加，包括初始部署需求，以及可以立即部署到服务器上的功能添加需求。此时，主要的 SaaS 托管模型被部署到位于数据中心内的本地服务器上。

因此，该行业存在两个主要问题。首先，需要提前预测所需的容量，以便可以分配足够的资金来购买所需的硬件，从而处理预期的负载。其次，大型的、单一的、面向对象的代码库并不适合 Web-speed 开发模型。

很明显，体量大且封闭的企业模型不适合 Web-speed 交付。这导致人们越来越多地采用基于开放标准的方法，并更多地使用开源技术。这一运动由 FSF(自由软件基金会)、Apache 和 GNU/Linux 等组织领导。

向开源的转变导致企业软件架构定义方式发生了一个关键的、不可逆转的变化。最佳实践、标准和工具曾经是由 Sun Microsystems、Oracle 和 Microsoft 等企业领导者的利益决定的。而使用开源，业余爱好者、初创公司和学者能够快速创新，并以前所未有的频率进行分享和迭代。以往，行业需要等待主要参与者就复杂的标准文档达成一致，而现在模式转变为利用社区的联合力量和敏捷性来证明有效的、务实的解决方案，这些解决方案不仅即刻生效，而且还在以惊人的速度不断改进。

1.3.7　云计算

2006 年，云计算首次崭露头角，亚马逊推出了弹性计算云产品，现在被称为 Amazon EC2。紧随其后的是谷歌的 App Engine，以及 2010 年的微软 Azure。说云计算已经从根本上改变了软件行业，这并不为过。2017 年，AWS 报告收入 174.6 亿美元。

按需提供算力使得个人和资金短缺的初创企业能够负担得起算力费用，并快速构建真正的创新项目，这对行业产生巨大的影响。更重要的是，行业开始转向寻找最具创新性的软件工具终端用户，而不再是企业软件供应商。对于企业来说，云计算的兴起引发了几次重大变革。其中的关键是：

- 成本模式的转变——从大量的前期资本支出转向较低的持续运营支出。
- 弹性扩展——资源可按需使用和付费。
- DevOps 和基础设施即代码——随着云 API 的成熟，可以通过工具将整个部署堆栈作为代码来实现。

1.3.8　微服务(重新认识)

开源技术的广泛应用，加上向运营支出和弹性扩展的转变，导致在企业平台开发方面重新审视 UNIX 哲学，并有助于推动所谓的微服务架构的应用。虽然微服务还没有正式的定义，但业内大多数从业者都认同它具有以下特征：

- 微服务体积小、粒度细，并执行单一功能。

- 组织文化必须主动接受测试和部署的自动化。这减轻了管理和运营的负担，并允许不同的开发团队处理可独立部署的代码单元。
- 组织文化和设计原则必须包容失败和错误，类似于反脆弱系统。
- 每个服务都是有弹性的、可组合的、最小的和完整的。
- 服务可以是单独的，也可以是水平扩展的。

微服务背后的理念并不新鲜。分布式系统自 20 世纪 70 年代就存在了。Erlang 在 20 世纪 80 年代就开始做微服务，从 CORBA 到 SOA，所有的一切都试图实现分布式、网络化组件的目标。促使微服务大规模应用的因素有云、容器和社区。

- 像 AWS 这样的云基础设施服务，可帮助快速、廉价地部署和销毁具有高可用性的安全机器集群。
- 容器(Docker)可帮助构建、打包和部署包含软件的固化单元。以前，将几百行代码部署为一个单元是不可行的或不可理解的。
- 在处理大量的、小的部署单元时，可使用社区产品提供的用来管理新型复杂性的工具。这些工具包括 Kubernetes 形式的编排，ELK(Elasticsearch、Logstash 和 Kibana)或 Zipkin 形式的监控，以及大量的工具，例如 Netflix 工程团队开源的工作。

微服务模型非常适合现代云基础架构，因为每个组件都可以单独扩展。此外，每个组件也可以单独部署。这使开发周期更短，并且确实导致了后来被称为"持续部署的开发模式"的产生，开发人员提交的代码在没有人为干预的情况下立即交付到生产中——当然，前提是它通过了一系列严格的自动化测试。

微服务的完整解决方案可参阅 Richard Rodger 编著的 *The Tao of Microservices*，该书由曼宁出版社出版。

1.3.9　云原生服务

诸如 Amazon 的 EC2 的服务通常被称为"基础设施即服务(IaaS)"。虽然这是一个强大的概念，但其运营和管理的负担仍旧在最终用户端。大多数系统需要特定形式的数据库和基础设施才能运行。如果在 IaaS 之上构建系统，则需要安装和维护一个数据库服务器集群，并处理诸如"备份、地理位置冗余，以及扩展集群以处理必要负载"等问题。使用云原生服务即可避免所有这些开销。在这种模式下，云提供商为我们处理数据库的管理和操作，只需要通过配置或使用 API 告诉系统该做什么即可。

具体的示例参看亚马逊的 DynamoDB 服务。这是一个完全托管的大规模键值存储。要使用 DynamoDB，只需要进入 AWS 控制台的 DynamoDB 设置页面，输入几条配置信息，不到一分钟就会获得一个可以读写的表。而在 EC2 实例上自行安装键值存储并设置，往往需要数小时的时间。

云服务最令人兴奋的发展之一是能够在云上运行托管代码单元，而无须关心底层服务器。这通常称为"功能即服务(FaaS)"。在 AWS 上，FaaS 是使用 Lambda 服务实现的，而 Google 的对应产品称为 Cloud Functions。

1.3.10　发展趋势：速度

究其原因，不难发现，其背后主要的驱动力就是对速度的需求。毕竟时间就是金钱——尽快编写、使用代码，并快速管理和扩展。这推动了微服务和云原生服务的广泛应用，因为这些技术提供了快速开发和部署功能的途径。

随着技术领域的不断变化，业界中的软件开发方法论也在不断发展。图 1-4 概括了这些趋势。

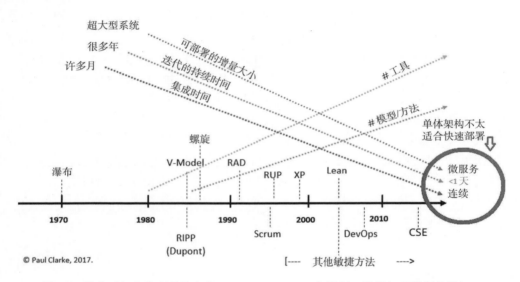

图 1-4　迭代时间和代码量的变化。Paul Clarke 2017 年绘制。计算机科学课堂笔记，
都柏林城市大学和 Lero(爱尔兰软件研究中心)

如前所述，迭代时间正在迅速变短。20 世纪 80 年代和 90 年代初，使用基于瀑布的方法论，其迭代时长是整个项目的长度——对于大多数项目来说可能是一年或更长时间。进入 20 世纪 90 年代中期，迭代时间随着早期类似敏捷方法(例如 Rational Unified Process，RUP)的采用而下降。21 世纪极限编程(XP)等敏捷方法的出现，使得迭代时间缩短为 2～3 周的时间，现在一些更快速的敏捷实践则只需大约一周的迭代时间。

软件迭代周期已从 20 世纪八九十年代的一年多缩短到今天更短的发布周期。更有甚者，使用连续部署技术的最高效的组织可以一天多次将软件发布到生产环境中。

这种疯狂的发布速度是由另一个趋势实现的：即规模单位的减少。每个部署单元的代码量都在持续减少。20 世纪 80 年代和 90 年代，大型的单个代码库是当时的潮流。由于这些代码库的耦合特性，测试和部署是一个困难且耗时的过程。随着 20 世纪 90 年代末和 21 世纪初面向服务的体系结构的出现，部署单元的规模不断下降。随后，随着微服务的兴起，下降更显著。

图 1-5 说明了规模单位的减少和部署周期的缩减是如何伴随着远离底层硬件的抽象级别的增加而改变的。

图 1-5　规模单位的变化

在很大程度上，业界已经从通过使用虚拟服务器和安装、运行物理硬件，转向了基于容器的部署。目前常见的技术是将构建为容器的小型服务部署到某种编排平台(如 Kubernetes)，并使用 IaaS 配置的数据库或云原生数据服务。然而可以清楚地看到，如果加快部署速度和减少规模单位的趋势持续，(经济上的激励表明这是一个理想的目标)，那么这个过程的下一个阶段是转向完全无服务器的系统。

图 1-6 说明了引领行业走向无服务器开发的路径和技术里程碑。

总之，对软件的快速开发和部署的需求导致了规模单位的减少。这个进程的下一个合乎逻辑的阶段是完全采用无服务器架构。

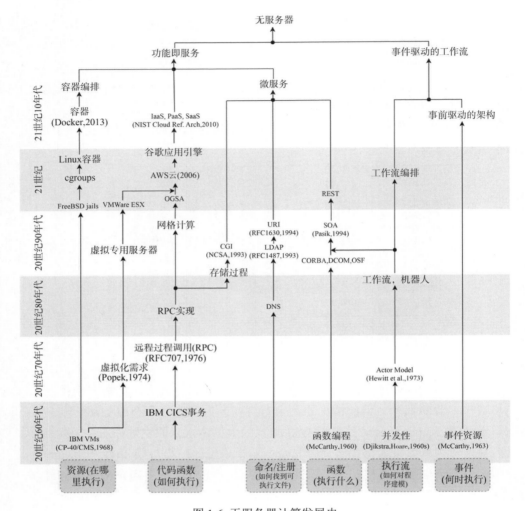

图 1-6 无服务器计算发展史

1.4 什么是 AI

人工智能(AI)是一个涵盖了计算机科学中一系列技术和算法的术语。对许多人来说，它经常会让人联想到失控的杀人机器人的形象，而这主要是源于《黑客帝国》和《终结者》系列电影中描绘的反乌托邦未来！

对这个词更清醒、更明智的定义可能是：

人工智能指的是计算机表现出的类似人类和其他动物的学习、决策能力。

它只是代码

虽然现代人工智能系统所展示的一些能力经常显得不可思议，但我们应该始终牢记，说到底，它只是代码。例如，可以识别图像的算法可能是一个非常强大的工具，但其基本面只是一个相互连接的非常简单的单元集。AI 算法中的"学习"过程实际上是基于训练数据调整数值的非常简单的问题。正是这些数值的不断涌现，才使"学习"产生了显著的结果。

1.4.1　AI 的历史

为什么突然对人工智能感兴趣？为什么人工智能和机器学习的需求越来越大？人工智能的发展是一个引人入胜的话题，它本身就可以写几本书，对它完整的讨论超出了本书的范围，在此不再赘述。

人类一直沉迷于创造自己的人工复制品，但直到 17 世纪，莱布尼茨和笛卡儿等哲学家才开始探索用系统的、数学的方式描述人类思想的概念之路——也许这更易于被非人类的机器复制。

从这样的第一次哲学尝试开始，直到 20 世纪早期，Russel 和 Boole 等思想家才对这些思想提出更正式的定义。这些发展，加上数学家库尔特·哥德尔的杰出工作，促成了艾伦·图灵的基础工作。图灵的关键见解是，任何可以在哥德尔不完备定理范围内正式定义的数学问题，理论上都可以通过计算设备，即所谓的图灵机解决。

图灵和弗劳尔斯的开创性工作，在英国布莱切利公园开发了 Bombe 和 Colossus 系统，最终促成了 1956 年夏天著名的达特茅斯学院会议，这被普遍认为是人工智能学科的正式创立。

早期有很多乐观情绪，导致了一些疯狂的乐观预测，比如：

- H.A. Simon 和 A. Newell，1958 年，"10 年内，数字计算机将成为世界国际象棋冠军。"
- H.A. Simon，1965 年，"在 20 年内，机器将能够完成人类可以完成的任何工作。"
- M. Minsky，1967 年，"在一代人之内，创造人工智能的问题将得到根本性的解决。"

在 20 世纪 70 年代早期，该领域的进展均未达到预期。随着时间的推移，人们未能取得实质性进展，由于资金来源枯竭，该领域的研究进展缓慢。这段时间被称为第一个人工智能冬季。

20 世纪 80 年代专家系统兴起：Prolog 等基于规则的问题解决语言引起了商界的关注和极大的兴趣。历史重演，到 20 世纪 80 年代末，很明显，早期专家系统的承诺也没有实现。这一事实，再加上商用 PC 硬件的兴起，意味着公司将不再对这些系统所需的昂贵定制硬件进行投资，第二个人工智能冬天开始了。

在这个背景下，研究人员在神经网络领域取得了长足的进展，包括网络结构和改进的训练算法，比如反向传播。这个领域缺乏一个关键因素：计算能力。

在整个 20 世纪 90 年代和 21 世纪初，摩尔定律(计算能力的指数增长)持续快速发展。这种能力的增长使研究人员能够构建越来越复杂的神经网络，缩短训练周期，促进该领域的发展，并以更快的速度进行创新。从 1997 年 IBM 的"深蓝"击败加里·卡斯帕罗夫开始，人工智能已经扩展到许多领域，并迅速商业化。这意味着该技术现在可以在许多商业环境中以极低的成本应用，而不需要一个专家研究团队。

1.4.2　真实的 AI 世界

自 20 世纪 50 年代以来，人们一直在致力于创造能够展示人类能力的机器，这些能力指的是制定目标并找出实现它的方法。在过去几年中，现实世界中涌现出了大量的 AI 解决方案并应用于日常生活中。最新的电视剧、音乐、网上购物以及最新的新闻资讯，都有可能是人工智能提供的服务。让我们看看人工智能技术产生重大影响的一些领域。

零售和电子商务

在网上零售店和实体零售店中，人工智能被用于向购物者推荐最有可能购买的产品。在电子商务的早期，我们看到了推荐程序的简单例子("买了这个商品的人也买了……")。如今，许多零售商都在密切监控用户浏览行为，并使用这些数据和实时 AI 算法向用户突出展示那些他们更有可能购买的产品。

娱乐

在线电影、电视和音乐消费的显著增长给供应商提供了大量的消费数据。所有主要提供商都在使用这些数据进一步推动消费。Netflix 表示，80%的用户选择该平台算法推荐的影片。Spotify 是另一个从用户行为中学习，并提供音乐推荐的流媒体平台[1]。

新闻和媒体

人工智能在社交媒体和在线新闻中得到了广泛的使用。Facebook 和 Twitter 都使用了大量人工智能技术，来选择出现在用户时间轴上的帖子。大约 2/3 的美国成年人通过社交媒体网站获取新闻，因此人工智能对我们看到的新闻产生了重大影响(来源：http://www.journalism.org/2018/09/10/newsuse-across-social-media-platforms-2018/)。

1　信息来源：http://mng.bz/4BvQ 和 http://mng.bz/Qxg4。

广告

广告是一个深受人工智能影响的领域。人工智能用于根据用户的在线行为和偏好进行广告的精准投放。广告发布者通过移动端和网络争夺消费者注意力的过程是实时的，由人工智能实现自动化。谷歌和 Facebook 都拥有大型人工智能研究部门，在这一过程中广泛使用人工智能技术。2017 年，Facebook 和谷歌占据了新广告中 90%的业务(来源：https://www.marketingaiinstitute.com/blog/ai-in-advertising-whatyou-need-to-know)。

客户服务

随着网络的发展，消费者与企业互动的方式也在改变。许多人都习惯了自动电话应答系统，通过在键盘上选择数字或者使用语音识别来查找合适的服务。客户支持服务现在正在使用各种先进技术降低成本并改善客户体验。例如使用情感分析来检测语气并确定某些交互的重要性，或者使用聊天机器人回答常见的问题，而不需要任何人工参与。

随着这些系统的能力不断提升，语音识别和语音合成在这些场景中也发挥了重要的作用。2018 年的 Google Duplex 为大家很好地展示了如何使用语音技术服务民众(http://mng.bz/v9Oa)。每天都有越来越多的人使用 Alexa、Siri 或 Google Assistant 作为数字助理，来获取信息、安排生活和购物。

数据与安全

企业、消费者和监管机构越来越意识到数据隐私和安全的重要性——这在围绕如何存储、保留和处理数据的法规中可以看出。此外，安全漏洞越来越引起人们的关注。人工智能在解决这些问题上都可以发挥作用。个人数据的处理、分类和识别已经在 Amazon Macie 等服务中实现并应用。在威胁和漏洞检测领域，人工智能被用于预防和告警。Amazon Guard Duty 就是一个很好的例子。

除了信息安全之外，人工智能还在物理安全领域发挥着重要的作用。最近在图像处理和面部识别方面的重大改进，使人工智能技术被广泛应用于城市、建筑和机场的安全检测。人工智能还可以有效地应用于检测来自爆炸物、枪支和其他武器的威胁。

金融

通常，金融应用程序中的数据是时间序列数据。例如一个包含特定年份每天产品销售数量的数据集。可以利用这些时间序列数据来训练 AI 模型，并利用模型进行预测和资源规划。

医疗保健

人工智能在医疗保健领域的发展主要是人工智能辅助诊断，尤其是放射学和微生物学领域的图像解释。最近对该领域深度学习研究的一项调查表明，近年来对该领域的兴趣激增，模型性能得到显著提高。虽然一些模型和产品声称其表现优于医学专家，但人们更希望将人工智能技术用作检测和测量细微异常的工具。

在许多发展中国家，医疗专业知识短缺，这使得人工智能的应用变得更有价值。例如，结核病的检测可通过人工智能自动解读胸部 X 射线影像，见图 1-7。

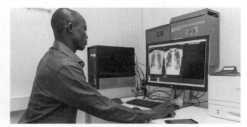

图 1-7　发展中国家使用人工智能协助移动 X 光机诊断结核病(本图已获代尔夫特成像系统的授权)

1.4.3　AI 服务

表 1-2 列举了人工智能的一些常见应用，AWS(和其他云提供商)为许多同类案例提供了基于预训练模型的服务。

表 1-2　人工智能应用和服务

应用程序	用例	服务
自然语言处理	机器翻译	AWS Translate
文档分析		AWS Textract
关键词		AWS Comprehend
情绪分析		
主题建模		
文档分类		
实体提取		
会话界面	聊天机器人	AWS Lex
语音	语音转文字	AWS Transcribe
文字转语音		AWS Polly
机器视觉	对象、场景和活动检测	AWS Rekognition
面部识别		
面部分析		
图片中的文字		
其他	时间序列预测	AWS Forecast
实时个性化推荐		AWS Personalize

我们将在后面的章节中使用其中的大部分服务，因此你将会对它们有比较深刻的理解。在这里，我们先对它们做一个简要的介绍。

- AWS Translate 是一个神经机器翻译服务。这意味着它使用深度学习模型，可以提供比传统的基于统计和规则的翻译算法更准确、更自然的翻译结果。
- AWS Textract 使用光学字符识别(OCR)和文本分类模型的组合，从扫描的文档中自动提取文字和数据。
- AWS Comprehend 是一种自然语言处理(NLP)服务，它使用机器学习查找文本中的见解和关系。
- AWS Lex 是一种用于构建语音和文本对话界面的服务，也称为聊天机器人。它通过使用深度学习模型进行自然语言理解(NLU)和自动语音识别(ASR)来实现这一服务。
- AWS Transcribe 使用深度学习模型将语音从音频文件转换为文字。
- AWS Polly 使用高级深度学习模型将文字转换为逼真的语音。
- AWS Rekognition 是一种图像识别服务，它使用深度学习模型识别图像和视频中的对象、人物、文字、场景和活动，并可以检测任何不当内容。
- AWS Forecast 基于与 Amazon.com 使用的相同技术。它使用机器学习将时间序列数据与附加变量相结合来构建预测。
- AWS Personalize 提供个性化的产品和内容推荐。它基于 Amazon.com 上正在使用的推荐技术。

1.4.4　人工智能和机器学习

在过去 10 年中，人工智能的大部分重点和进步都集中在机器学习领域，即"通过经验自动改进计算机算法的研究" (Tom Mitchell, *Machine Learning*, McGraw Hill, 1991)。关于人工智能和机器学习的具体含义以及它们的细微差别存在一些争论。在本书中，当我们谈论人工智能在软件系统中的应用时，主要指机器学习。

机器学习的过程通常包括训练阶段和测试阶段。不管算法是什么，机器学习算法都是基于一组数据进行训练的。对于图像识别算法，这可能是一组图像；对于金融预测模型，这可能是一组结构化记录。这些算法的目的是根据它从训练数据中"学到"的特征对测试数据做出判断。

机器学习可以分为如下类别，如图 1-8 所示。

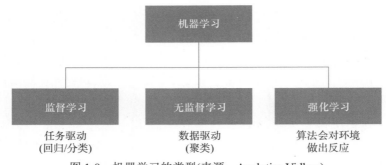

图 1-8　机器学习的类型(来源：Analytics Vidhya)

注意　特征是机器学习中的一个重要概念。为了在图像中识别猫，可能要寻找三角形的耳朵、胡须和尾巴等特征。选择正确的特征集对算法的表现至关重要。

在传统的机器学习算法中，特征由人工指定。在神经网络中，特征则由网络自动选择。

机器学习可以分为以下几类：

● 监督学习

● 无监督学习

● 强化学习

监督学习

监督学习是指在算法中提供一组带标签的训练数据。例如，一组文档用它们的分类进行标记。这些标签可能代表每个文档的主题。通过使用该组数据训练给定的算法，有望通过算法来预测未标记的测试文档中的主题。如果有足够的、标记良好的训练数据，这将非常奏效。当然，这种算法的缺点是很难找到具有足够数量的有标签的训练数据。

无监督学习

无监督学习试图在不访问任何带标记的训练数据(标签)的情况下，提取数据中的相关模式。无监督算法的例子包括聚类、降维和异常检测。当我们想要从一个数据集提取模式而不需要特定的预期结果时，可以使用无监督学习技术。无监督方法有一个明显的优势，即不需要带标签的数据作为训练数据。但另一方面，结果可能对人类来说很难解释，并且学习到的模式可能与预期不符。

强化学习

强化学习是从直接经验中学习。它提供了一个环境和一个激励函数，目标是最大化它的奖励。算法采取行动并观察这些行动的结果，然后尝试生成与结果的可取程度相匹配的激励函数。目前，强化学习最有可能的应用是合成的计算机模拟环境，它允许在短时间内进行数百万或数十亿的探索性交互。

1.4.5　深度学习

深度学习基于 20 世纪 50 年代着手研发的人工神经网络(ANN)。人工神经网络被组织成连接的节点层或感知器。输入以一组数字的形式提供给输入层，结果也通常以数字的形式提供给输出层。输入和输出之间的层称为隐藏层。人工神经网络的目标是迭代地学习每个感知器的权重，以便在输出层产生期望结果的近似值。"深度"一词指的是网络中有许多层(至少七八层，但也可能有数百层)。深度学习网络的例子如图 1-9 所示。

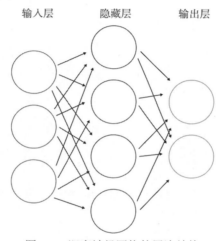

图 1-9　深度神经网络的层次结构

用神经网络模拟人脑的概念早在人工智能研究初期就出现了。然而，这些方法的原始计算能力不足以实现它们的潜力。在 20 世纪末期和 21 世纪初，随着更强大的处理技术的出现，神经网络和深度学习开始成为人工智能的主要方法。算法的进步以及来自互联网的大量训练数据进一步促进了深度学习的发展。标签训练数据的任务通常是通过众源(crowdsourcing)来解决的(例如 Amazon Mechanical Turk)。

Alpha Go

证明深度学习取得巨大进步的一个关键事件是 Alpha Go 战胜了最优秀的人类围棋大师。Alpha Go 最初由总部位于英国的 DeepMind 科技公司开发。该公司于 2014 年被谷歌收购。

要理解这一点的关键是，网络必须"学习"围棋。这与"深蓝"击败加里·卡斯帕罗夫时所采取的方法明显不同。这是由于二者游戏状态的数量不同。在国际象棋中，大约有 10^{45} 个游戏状态，而在围棋中大约有 10^{170} 个。因此，可以将游戏规则和机器学习算法技术结合起来，将深蓝编程为国际象棋专家。而可观测的宇宙中的原子数大约只有 10^{80}——当你对比这几个数字就能理解围棋游戏的复杂性，以及尝试使用类似专家系统的方法的不可能性。因此，*Alpha Go* 使用了一种深度神经网络，这种网络是通过观察数百万场围棋比赛，在比赛中不断训练出来的。

图 1-10 将前面介绍的机器学习工具和技术总结在一个图表中。有兴趣的读者可以参照本图来了解机器学习的分类及相互之间的关系。

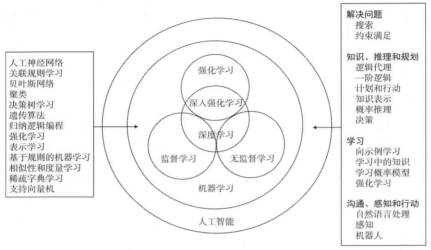

图 1-10　人工智能、机器学习算法和应用。*Deep reinforcement learning：an overview*，Yuxi Li，

https://arxiv.org/abs/1701.07274

1.4.6　人工智能面临的挑战

目前，人工智能以监督学习为主，需要数据进行训练。其中一个挑战是如何标记数据来表示网络要学习的所有场景。因此，无监督模型的开发是热门的研究话题。对于许多希望利用 AI 的用户来说，通常无法获得足够的数据。使用有限的数据集进行训练，算法往往会存在偏差，从而导致那些与数据不相似的数据生成错误的预测结果。

人工智能在法律和道德领域也面临挑战。如果机器学习算法作出了一个不受欢迎的判断，很难知道哪一方应该负责。如果一家银行判定某个人无权获得抵押贷款，那么可能不清楚为什么会做出这样的决定，以及谁应该对此负责。

1.5　计算能力和人工智能的普及

摩尔定律在过去几十年中得到了印证。有的程序员还记得最早人们是将程序提交到穿孔卡片上执行。在大型机和小型机时代，计算时间是一种稀缺的资源，只有少数特权可以使用。然而，现在我们大多数人口袋里的智能手机的计算能力都是这些早期系统无法企及的。

　　云计算也有类似的效果。在互联网时代早期，专业硬件工程师需要在同一地点的设施中构建服务器机架。今天，只要有足够的资金，就可以编写程序，并且在相当于整个数据中心规模的 IT 基础设施上运行程序，而且可以随时创建和删除这种大规模的环境。

　　人工智能也是如此。以前，为了构建一个具有语音识别功能的系统，需要使用高度专业的定制硬件和软件，甚至躬身研究这些主题。今天，只需要在程序中调用一种云原生的语音识别服务，就可以向平台添加语音接口。

1.6　规范的 AI 即服务架构

　　在探讨任何像"AI 即服务"这样广泛的新主题时，重要的是构建出各部分如何整合在一起的蓝图。图 1-11 是无服务器 AI 平台的典型结构图：一个参考架构框架。我们将在整本书中详细介绍这个规范的架构，并将其作为一种常见的参考心智模型。

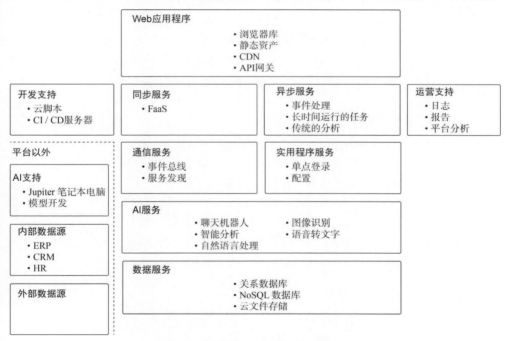

图 1-11　规范的 AI 即服务平台架构

要实现这个体系结构的关键点列举如下：

- 它可以完全通过云原生服务来实现——不需要物理机或虚拟机，也不需要容器。
- 它可以在主要厂商提供的多种云平台上实现。

让我们依次查看这个体系结构的每个元素。

1.6.1　Web 应用程序

典型的平台通过 Web 应用程序层提供功能，即使用 HTTP(S)协议。这一层通常由多个元素组成，包括：

- 静态资产，如图像、样式表和客户端 JavaScript
- 某种形式的内容交付网络(CDN)或页面缓存
- RESTful API
- GraphQL接口
- 用户注册登录/注销
- 移动API
- 应用程序防火墙

这一层充当客户端请求的主平台的网关。

1.6.2　实时服务

这些服务通常由 Web 应用程序层使用，以便对客户端请求进行即时响应。这些服务代表了平台所有部分之间的公共融合层。例如，一个服务可能负责获取图像并将其传递给人工智能服务进行分析，然后将结果返回给客户端。

1.6.3　批处理服务

通常，这些服务针对运行时间较长的异步任务，包括 ETL (Extract Transform Load)流程、长时间运行的数据加载和传统分析。批处理服务通常将知名的分析引擎(如 Hadoop 或 Spark)作为云原生服务使用，而非自行管理。

1.6.4　通信服务

大多数平台都需要某种形式的异步通信——这通常在某种形式的消息传递基础设施或事件总线上实现。这个通信结构还应包含诸如发现和服务注册的功能。

1.6.5　基础事务服务

这类服务包括安全服务，例如单点登录和联合身份管理，以及网络和配置管理服务，例如 VPC(虚拟私有云)和证书管理。

1.6.6　AI 服务

这是无服务器 AI 平台的智能核心，可以根据平台的关注点，组成一系列 AI 服务。例如，在这里可以找到聊天机器人、自然语言处理或图像识别模型和服务。在很多情况下，这些服务都是通过预封装的现成云原生 AI 服务连接到平台上的。

如果不使用云原生 AI 服务，在部署到平台之前可能需要对模型进行交叉训练。

1.6.7　数据服务

支撑无服务器 AI 堆栈的是数据服务。它们通常混合使用关系数据库、NoSQL 数据库、云文件存储以及其他服务。与系统的其他组件一样，数据层是通过使用云原生数据服务实现的，而不是通过自安装和管理实例实现的。

1.6.8　运营支持

这个部分包含平台操作所需的管理工具，如日志记录、日志分析、消息跟踪警报等。与系统的其他部分一样，可以在不需要安装和管理基础设施的情况下实现操作支持服务。值得注意的是，这些运维支持服务本身可能会使用人工智能服务，从而辅助警报和异常检测。后面的章节将详细介绍这一点。

1.6.9　开发支持

这部分与平台的部署有关，并包含为其他服务类别创建云结构所需的脚本。它还为每个其他服务类别提供持续集成/持续交付管道的支持，以及平台的端到端测试。

1.6.10　平台之外

"平台之外"纳入了一组非平台元素，是否纳入这些元素取决于平台的运营模型。

AI 支持

这包括数据科学类型的调查、定制模型训练，以及调查。稍后我们将看到，训练机器学习系统的过程与实际使用它的过程非常不同。许多使用过程中并不需要训练。

内部数据源

企业平台通常具有与内部系统或遗留系统的连接点。这可能包括 CRM(客户关系管理)和 ERP(企业资源规划)类型的系统或与传统内部 API 的连接。

外部数据源

大多数平台并不是孤立存在的，可能会使用来自第三方 API 的数据和服务。这些将充当我们的无服务器 AI 平台的外部数据源。

1.7　在 Amazon Web Services 上实现

为了有一个更具象的认知，图 1-12 展示了 Amazon Web Services 上的规范体系结构。

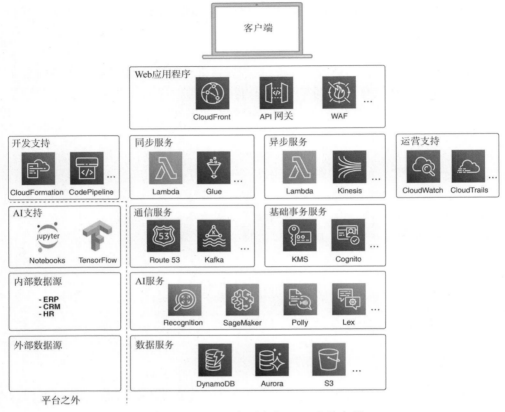

图 1-12　AI 即服务平台在 AWS 上的实现

　　当然，AWS 平台上所有可用的云原生服务不尽如此。它只是用图例的方式阐释了如何将这些服务组合成一致的体系结构。

为什么选择 AWS？

书中的代码和示例均基于 AWS 平台。这样做有两个原因：

- 就市场占有率而言，AWS 目前是云计算领域的市场领导者。在撰写本文时，AWS 占有 48%的市场份额。这意味着书中的例子将被更广泛的读者所熟悉。
- AWS 在创新方面处于领先地位。我们最近比较了 AWS 和其他云提供商之间的多个类别的服务发布日期。我们发现 AWS 发布的服务平均领先竞争对手 2.5 年。这也意味着 AWS 服务产品更加成熟和完整。

此外，在 3 个不同的云(AWS、谷歌、微软)上构建示例系统需要更多的工作。

从这个映射中得到的关键信息如下：

- 在这个系统中，不需要安装和管理服务器。这减少了大量与管理、扩展、容量规划等有关的操作开销。

- 这些服务的所有创建和部署都是通过一组部署脚本进行控制的，这些脚本可以作为代码资产进行版本控制和管理。
- 人工智能服务可直接使用——不需要让机器学习专家构建系统。

本章已提供了足够的行业趋势背景信息，证明 AI 作为一种服务和无服务器将在未来几年成为平台开发的实际标准。

本书后部将重点介绍实用的配置和示例，切入无服务器 AI 开发的前沿；讨论如何参照本章介绍的规范架构构建一系列复杂的人工智能支持系统。

要强调的是，虽然本书使用的是 AWS，但其架构、原则和实践可以很容易地迁移到其他云上。Azure 和 GCP 都提供了类似于本书中 AWS 示例所使用的相关产品。

接下来，我们将直接构建你的第一个人工智能服务系统！

1.8 本章小结

- 规模单位在持续缩小。下一个逻辑阶段将是功能即服务(FaaS)。
- 无服务器在很大程度上消除了管理复杂 IT 基础设施的负担。
- 服务扩展由云提供商处理，因此不必进行容量规划或复杂的自动扩展设置。
- 无服务器允许企业更多地关注平台特性的开发，较少地关注基础设施和操作。
- 随着商业和技术分析数据量和复杂性的增加，对人工智能服务的需求将越来越大。
- 云原生人工智能服务正在普及，现在即使不是人工智能专家也可以使用这些技术。人工智能服务产品将不断增加。
- 所有这些技术都支持工程驱动化方式来构建无服务器平台，以及人工智能服务消费。

第 *2* 章

构建无服务器图像识别
系统，第1部分

本章主要内容：

- 构建简单的 AI 即服务系统
- 设置云环境
- 搭建本地开发环境
- 实现一个简单的异步服务
- 部署到云端

本章和第 3 章将专注于构建第一个使用 AI 的无服务器系统。最终，你将一个小型系统配置并部署到云中，该系统能够从 Web 页面读取和识别图像，并将结果显示在页面中。对于一个章节来说，这听起来似乎是一项非常艰巨的任务。事实上，在无服务器和现成的 AI 出现之前，我们在本章节中所完成的工作需要一个小型工程师团队多人在数月才能完成。正如艾萨克·牛顿所说，我们现在站在巨人的肩膀上！在本章中，我们将站在无数软件工程师和人工智能专家的肩膀上，快速搭建"hello world"系统。

如果你是 AWS 和无服务器技术的新手，那么在这两章中有很多内容需要学习。我们的目标是慢慢来，提供很多细节，让每个人都能跟上进度。讲解将采用"数字填色"的方法，只要仔细遵循代码和部署说明，就不会有问题。

当你阅读这些内容时，脑海中可能会浮现几个问题，例如"我该如何调试？"或"我应该如何对其进行单元测试？"请放心，我们将在后续章节提供更多详细信息。现在，来杯咖啡，系好安全带，开启 AI 之旅。

2.1　我们的第一个系统

我们的第一个无服务器人工智能系统将使用 Amazon Rekognition 分析网页上的图像。通过对这些图像的分析，系统将生成一个文字云，并为每个图像提供一个标签列表。我们将把系统开发成许多离散的、解耦的服务。最终的用户界面如图 2-1 所示。

图 2-1　用户界面图

在这个例子中，我们将系统指向一个包含小猫图像的网页。图像识别 AI 已经正确地识别出了小猫，并允许通过分析构建一个文字云以及一个标识检测标签频率的直方图。然后系统会显示每一张分析图像，以及分析的结果和每个标签的置信度。

2.2　体系结构

在深入研究之前，先看看这个简单系统的体系结构，看看它如何搭建第 1 章中提及的规范体系结构，以及如何使用 AWS 服务实现这些功能。图 2-2 展示的便是系统的整体结构。

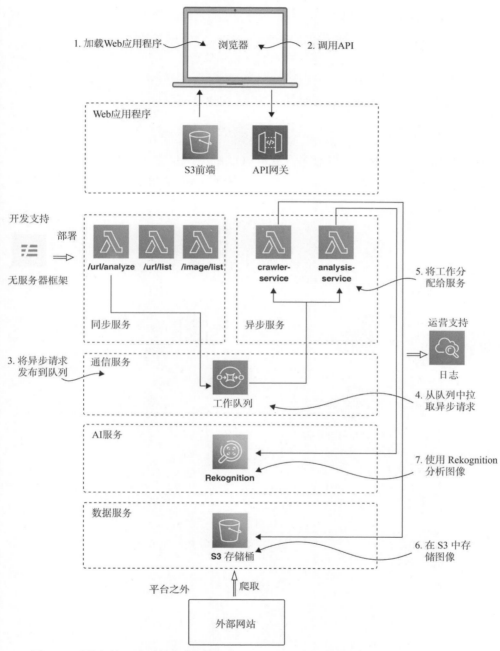

图 2-2　系统架构。该系统由使用 AWS Lambda 和 API 网关构建的自定义服务组成。
SQS 用于消息通信。此处使用的托管服务是 S3 和 Rekognition

系统架构显示了系统的层次：

- 从前端开始，由 S3(简单存储服务)提供服务，API 网关调用 API。
- SQS(简单队列服务)消息触发异步 Lambda 函数。
- 来自 API 网关的事件触发同步 Lambda 函数。
- AWS Rekognition 是一项完全托管的 AI 图像分析服务。

2.2.1 Web 应用程序

系统的前端是一个单页应用程序，包括 HTML、CSS 和一些用于呈现 UI 的简单 JavaScript，如图 2-3 中突出显示的部分。在浏览系统的构建块时，这张图将反复呈现。

图 2-3   Web 应用程序

前端部署在 S3 存储桶中。同样在这一层，我们使用 API 网关提供一条进入同步服务的路由，这些服务为前端提供数据以进行渲染服务。

2.2.2　同步服务

Lambda 函数实现了 3 个同步服务，如图 2-4 所示。

图 2-4　同步服务

这些服务可用作通过 API 网关访问的 RESTful 端点：

- POST /url/analyze——此端点获取正文中的 URL 并将其提交到 SQS 队列进行分析。
- GET /url/list——前端用于获取系统已处理的 URL 列表。
- GET /image/list——返回为给定 URL 处理的一组图像和分析结果。

为了触发分析动作，可将一个 URL 输入到图形界面顶部的输入文本框中，并单击 Analysis 按钮。这将向/url/analyze 发出 POST 请求，并把 JSON 消息发布到以下形式的 SQS 队列。

```
{body: {action: "download", msg: {url: "http://ai-as-a-service.s3-website-
    eu-west-1.amazonaws.com"}}}
```

2.2.3　异步服务

异步服务构成了系统的主处理引擎。参见图 2-5 中突出显示的两个主要服务。

图 2-5　异步服务

爬虫服务从 HTML 页面提取图像。该分析服务为 AWS Rekognition 提供接口，提交图像进行分析并整理结果。

收到"下载"消息时，爬虫服务会从提供的 URL 中获取 HTML，然后解析这个 HTML，并提取页面中每个内联图像标记的源属性。然后，下载每个图像，并将其存储在 S3 存储桶中。所有的图像下载完毕后，爬虫程序还会在表单的分析 SQS 队列中发布一条分析消息：

```
{body: {action: "analyze", msg: {domain: "ai-as-a-service.s3-website-eu-
    west-1.amazonaws.com"}}}
```

分析服务接收这条消息后，将针对每个下载的图像调用图像识别 AI，收集结果，并将它们写入 S3 存储桶中，以供前端稍后显示。

2.2.4　通信服务

在我们的系统内部，系统使用简单队列服务(SQS)作为消息管道，如图 2-6 所示。

图 2-6　通信和数据服务

正如本书所述，这种消息传递方法非常强大，它可以在几乎不干扰整个系统的情况下，在系统中添加和删除服务。它还迫使我们保持服务解耦，并提供一个简洁的模型对服务进行独立扩展。

这个系统使用 SQS 作为我们的主要通信机制；术语"通信服务"则用来包含任何可用于促进消费者(consumer，消息传递中的术语)和服务之间通信的基础设施技术。通常，这需要使用某种形式的服务发现以及一个或多个通信协议。图 2-7描述的是此系统通信服务部分的图例。

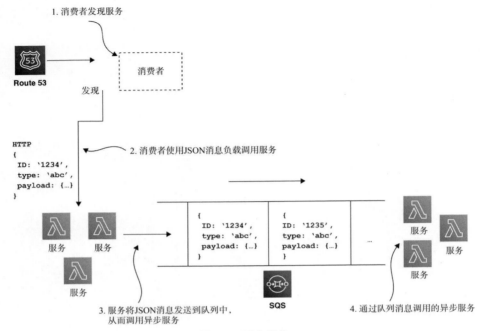

图 2-7　通信服务

图中展示的通信服务是用于服务发现的 Route 53 DNS(域名系统)和作为通信协议的 HTTP 及 SQS。通常，我们使用 JSON 数据格式对各方之间的消息进行编码。这与底层通信协议无关。

消息技术

消息系统、队列和相关技术是一个很大的主题，本书不打算详细介绍它们。如果你还没有了解这些概念，则应该先去学习这些概念。简而言之，消息传递系统通常支持两种模型：点对点，发布/订阅。

- 点对点：在此模型下，放入队列的消息只传递给一个消费者。
- 发布/订阅：在此模型下，所有已注册对消息类型感兴趣的消费者都会收到该消息。

队列系统在如何通知消费者新消息方面也有所不同。从广义上讲，有以下 3 种选择。

- Push：队列系统会将消息推送给消费者。
- Poll：消费者将轮询队列以获取消息。
- Long poll：消费者将轮询很长一段时间。

在本章中，SQS 会将消息推送给 Lambda 函数。

对于这个主题的入门，我们推荐阅读 Gregor Hohpe 和 Bobby Woolf 编著的 *Enterprise Integration Patterns*(Addison-Wesley Professional, 2003)。

2.2.5　AI 服务

我们的系统仅使用一项 AI 服务 Amazon Rekognition。该人工智能服务提供多种不同的图像识别模式，包括对象和场景检测、面部识别、面部分析、名人识别以及图像中的文字检测。我们的第一个系统使用默认的对象和场景检测 API。

2.2.6　数据服务

在数据服务层，我们仅使用简单存储服务(S3)。这足以满足我们在这个初始平台中的需求，后续章节将探讨其他数据服务。

2.2.7　开发支持和运营支持

我们使用无服务器框架作为主要开发支持系统。所有日志数据都使用 CloudWatch 收集。我们将在后续各小节详细地讨论它们。

2.3　一切就绪

目标已定，让我们深入研究并将各个组件组合在一起吧。首先，需要有一个可用的 AWS 账户。如果你还没有 AWS 账户，可参阅附录 A 中的设置说明创建一个。

熟悉 AWS 的人不妨创建一个单独的子账户，将本书中的示例与实际运行环境隔离。

附录 A 收录了有关创建 API 密钥和配置命令行以及 API 访问的说明，建议所有人仔细阅读该材料，从而确保创建正确的开发环境。

提示　所有示例代码均已在 eu-west-1 区域进行测试，我们建议你也使用此区域部署代码。

警告　AWS 是付费服务！请确保在使用后销毁所有云基础架构。书中所有章节的末尾都列出了删除资源的脚本。

2.3.1　DNS 域和 SSL/TLS 证书

本章中的示例和本书中的其他示例均要求使用 DNS 域和相关证书。这些可以在 AWS 上轻松设置，有关如何执行此操作的完整说明参见附录 D。在尝试运行示例之前，请确保已按照附录 D 提供的说明设置好 AWS 环境。

Node.js

本书使用 Node.js 作为主开发平台。如果你还没有安装它，请先安装。

为什么使用 Node.js?

选择 Node.js 作为本书的开发平台是因为 JavaScript 无处不在，它可以在每种主流的 Web 浏览器以及 Node.js 平台的服务器端使用。此外，JavaScript 可用作所有主要 FaaS 产品的实现语言，以上这些都使其成为最佳的选择。

如果你以前没有使用过 Node.js，请不要担心。一点点的 JavaScript 知识就足够用了。如果你想复习 Node(或者 JavaScript)，我们强烈推荐 Node School 的系列教程。可以通过 https://nodeschool.io/学习。

在撰写本文时，Node.js 的当前 LTS(长期支持)版本为 10.x 和 12.x。二进制安装程序可从 https://nodejs.org/获得。你需要根据机器环境选择合适的文件进行安装。

注意　我们将在 AWS 环境中安装最新的 Node.js 12.x。为了保持一致性，最好在本地开发环境中选择最新的 12.x LTS 版本。

安装程序运行后，请通过控制台并使用以下命令检查 Node.js 和 NPM 的版本是否正常:

```
$ node -v
$ npm -v
```

NPM

NPM 是 Node.js 的包管理系统。我们的示例将使用 NPM 管理称为节点模块的相关软件单元。如果你不熟悉 NPM，可在网上学习 Node School 的 NPM 教程: https://nodeschool.io/#workshopper-list。

无服务器框架

接下来需要安装无服务器框架。该框架在 AWS API 基础之上提供了一个抽象和配置层，帮助我们更轻松地创建和使用云服务。我们将在本书中广泛使用无服务器框架，因此你应该熟悉它。我们使用 NPM 安装 Serverless。打开控制台窗口并运行如下命令:

```
$ npm install -g serverless
```

NPM 全局安装

使用-g 标志运行 npm 安装，将告诉 NPM 在全局安装模块。这使模块在各个路径上可用，以便它可以作为系统命令执行。

通过如下命令检查无服务器是否安装成功:

```
$ serverless -v
```

无服务器框架

有多种框架可用于无服务器开发。在撰写本文时，领先的框架是 Serverless Framework，它是在 Node.js 中实现的。在后端，该框架使用 Node.js AWS API 完成其工作，AWS 则严重依赖 Cloud Formation。在本章中，我们将只使用该框架，而不会详细介绍其工作原理。现在要理解的关键点是该框架允许我们将基础设施和 Lambda 函数定义为代码，这意味着可以通过类似于管理系统其余源代码的方式管理运营资源。

注意 如果你想了解更多有关 Serverless 的信息，请参阅附录 E 中该框架运行方式的深入介绍。

提示 第 6 章涵盖了一些高级无服务器主题，并为项目提供了生产级的模板。

2.3.2 设置清单

在继续写代码之前，请查看此清单以确保一切就绪：

- 附录 A
  —已创建 AWS 账户
  —已安装 AWS 命令行工具
  —已创建 AWS 访问密钥
  —开发 shell 已经完成访问密钥配置并经过验证
- 附录 D
  —Route 53 域名完成注册
  —已创建 SSL/TLS 证书
- 本章
  —Node.js 已安装完毕
  —Serverless Framework 已安装完毕

如果所有这些都准备好了，就可以开始了！

警告 请确保完成此清单中的所有项目，否则在尝试运行示例代码时可能会遇到问题。特别是，请确保环境变量AWS_REGION 和 AWS_DEFAULT_REGION 均已设置，并指向同一个 AWS 区域，如附录 A 所述。

2.3.3 获取代码

现在已经完成了一个基本的设置，接下来开始获取系统的代码。本章的源代码可以在这个存储库的 Chapter2-3 子目录中找到：https://github.com/fourTheorem/
ai-as-a-service。首先，请使用如下命令克隆这个存储库。

```
$ git clone https://github.com/fourTheorem/ai-as-a-service.git
```

如代码清单 2-1 所示，每个定义的服务都有一个顶级目录。

代码清单 2-1　存储库结构

```
├── analysis-service
├── crawler-service
├── frontend-service
├── resources
└── ui-service
```

2.3.4　设置云端资源

除了一些 service 文件夹之外，我们还有一个称为 resources 的顶级目录。我
们的系统依赖于大量的云资源，在部署任何服务元素之前，要将这些资源准备就
绪。这个简单系统需要一个 SQS 队列来进行异步通信，需要一个 S3 存储桶保存
下载的图像。我们将使用专用的无服务器框架配置文件部署它们。让我们看看这
是如何实现的。通过 cd 命令进入 chapter2-3/resource 目录，查看 serverless.yml 文
件，文件内容如代码清单 2-2 所示。

代码清单 2-2　无服务器配置文件

```
service: resources                              ← 服务名称
 frameworkVersion: ">=1.30.0"
custom:                                         ← 自定义定义
   bucket: ${env:CHAPTER2_BUCKET}
crawlerqueue: Chap2CrawlerQueue
analysisqueue: Chap2AnalysisQueue
region: ${env:AWS_DEFAULT_REGION, 'eu-west-1'}
accountid: ${env:AWS_ACCOUNT_ID}

provider:                                       ← 特定的 provider
   name: aws
runtime: nodejs12.x
stage: dev
region: ${env:AWS_DEFAULT_REGION, 'eu-west-1'}

resources:
Resources:
  WebAppS3Bucket:                               ← 存储桶定义
    Type: AWS::S3::Bucket
  Properties:
    BucketName: ${self:custom.bucket}
    AccessControl: PublicRead
    WebsiteConfiguration:
      IndexDocument: index.html
```

```
      ErrorDocument: index.html
WebAppS3BucketPolicy:
  Type: AWS::S3::BucketPolicy          ←———   存储桶策略
  Properties:
    Bucket:
      Ref: WebAppS3Bucket
    PolicyDocument:
      Statement:
        - Sid: PublicReadGetObject
          Effect: Allow
          Principal: "*"
          Action:
            - s3:GetObject
          Resource: arn:aws:s3:::${self:custom.bucket}/*
Chap2CrawlerQueue:                     ←———   队列定义
  Type: "AWS::SQS::Queue"
  Properties:
    QueueName: "${self:custom.crawlerqueue}"
Chap2AnalysisQueue:
  Type: "AWS::SQS::Queue"
  Properties:
    QueueName: "${self:custom.analysisqueue}"
```

提示　Serverless 使用 YAML 文件格式进行配置。YAML 代表 YAML Ain't Markup Language。可在 http://yaml.org/ 上找到有关 YAML 的更多信息。

　　如果以上内容很难理解，请不要担心。我们将在整本书中使用无服务器框架，因此你会慢慢熟悉这些配置文件。接下来要介绍的是这个文件的整体结构。

提示　无服务器框架及其配置的完整文档可参考 https://serverless.com/framework/docs/。

　　无服务器配置分为几个顶级部分。需要理解如下关键信息。
- custom：定义要在配置中的其他地方使用的属性。
- provider：定义框架的特定 provider 配置。在这个例子中，使用 AWS 作为提供者。该框架支持多个云平台。
- functions：定义服务实现的函数端点。这个例子没有任何函数要定义，所以不存在这个部分。
- resources：定义云平台上的支持资源。本例定义了两个 SQS 队列和一个 S3 存储桶。部署这个配置时，无服务器框架将创建相关队列和存储桶。

注意　还有许多其他工具可以用于部署云资源，例如 AWS CloudFormation 或 Hashicorp 的 Terraform，它们都是将基础设施代码化的优秀工具。如果你有一个基础设施密集的项目，建议你研究这些项目并使用它们。全书都将使用无服务器框架。要注意的是，AWS 通过 CloudFormation 在底层实现无服务器框架。我们将在附录 E 详细介绍相关内容。

在继续部署资源之前，需要确定一个存储桶名称。AWS 存储桶的命名空间是全局的，因此应确保其名称可用，并按照设置 AWS 环境变量的相同方式为 shell 添加一个额外的环境变量 CHAPTER2_ BUCKET。

```
export CHAPTER2_BUCKET=<YOUR BUCKET NAME>
```

将<YOUR BUCKET NAME>替换为你的命名。现在一切就绪，让我们继续部署资源。在 chapter2-3/resources 目录中执行如下命令：

```
$ serverless deploy
```

Serverless 将继续部署资源，你应该会看到类似于代码清单 2-3 的输出。

代码清单 2-3　Serverless 部署输出

```
Serverless: Packaging service...
Serverless: Creating Stack...
Serverless: Checking Stack create progress...
.....
Serverless: Stack create finished...
Serverless: Uploading CloudFormation file to S3...
Serverless: Uploading artifacts...
Serverless: Validating template...
Serverless: Updating Stack...
Serverless: Checking Stack update progress...
..............
Serverless: Stack update finished...
Service Information
service: resources
stage: dev
region: eu-west-1
stack: resources-dev
api keys:
  None
endpoints:
  None
functions:
  None
```

Serverless 创建了一个 S3 存储桶和一个 SQS 队列。现在我们有了所需的基础设施，继续实施！

2.4　实现异步服务

完成基本设置后，继续编写第一个服务。本小节将爬虫服务和分析异步服务放在一起，分别进行测试。

爬虫服务

首先，让我们看一下 crawler-service，图 2-8 展示了该服务的内部流程。

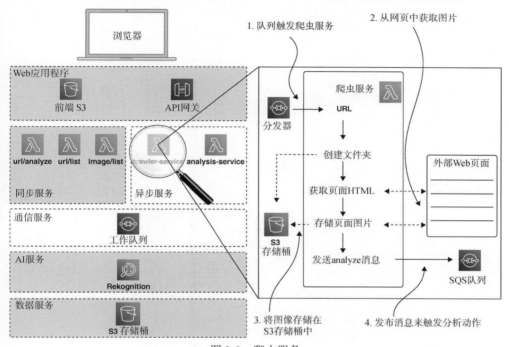

图 2-8　爬虫服务

当消息被放置在 crawler 队列中时，会调用 crawler-service。该消息包含要爬取的目标 URL。一旦被调用，爬虫就会通过 URL 获取 HTML 页面，并解析出图像标签。然后，依次将每张图像下载到 S3 文件夹中。所有图像下载完毕后，它会将包括所分析 URL 域名的 analyze 消息发布到 analysis 队列，以供进一步处理。

爬虫服务的代码位于 chapter2-3/crawler-service。通过 cd 命令进入这个目录，可以看到如下文件：

```
handler.js
images.js
package.json
serverless.yml
```

要了解此服务使用的资源和整体结构，应该首先查看文件 serverless.yml，其中包含代码清单 2-4 显示的配置。

代码清单 2-4　爬虫服务的 serverless.yml 文件

```
service: crawler-service
frameworkVersion: ">=1.30.0"
```

```
custom:
  bucket: ${env:CHAPTER2_BUCKET}                    ←   S3 存储桶名称
  crawlerqueue: Chap2CrawlerQueue
  analysisqueue: Chap2AnalysisQueue                 ←   SQS 队列名称
  region: ${env:AWS_DEFAULT_REGION, 'eu-west-1'}
  accountid: ${env:AWS_ACCOUNT_ID}          ←   来自本地环境的账户 ID
provider:
  name: aws
  runtime: nodejs12.x
  stage: dev
  region: ${env:AWS_DEFAULT_REGION, 'eu-west-1'}
  iamRoleStatements:
    - Effect: Allow                               ←   S3 权限
      Action:
        - s3:PutObject
      Resource: "arn:aws:s3:::${self:custom.bucket}/*"
    - Effect: Allow
      Action:
        - sqs:ListQueues
      Resource: "arn:aws:sqs:${self:provider.region}:*:*"
    - Effect: Allow                               ←   允许从爬虫队列接收信息
      Action:
        - sqs:ReceiveMessage
        - sqs:DeleteMessage
        - sqs:GetQueueUrl
      Resource: "arn:aws:sqs:*:*:${self:custom.crawlerqueue}"
    - Effect: Allow                               ←   允许发布到分析队列
      Action:
        - sqs:SendMessage
        - sqs:DeleteMessage
        - sqs:GetQueueUrl
      Resource: "arn:aws:sqs:*:*:${self:custom.analysisqueue}"

functions:                                        ←   定义处理函数入口点
  crawlImages:
    handler: handler.crawlImages
    environment:
      BUCKET: ${self:custom.bucket}
      ANALYSIS_QUEUE: ${self:custom.analysisqueue}
      REGION: ${self:custom.region}
      ACCOUNTID: ${self:custom.accountid}
    events:                                       ←   爬虫队列触发的函数
      - sqs:
        arn: "arn:aws:sqs:${self:provider.region}:${env:AWS_ACCOUNT_ID} \
          :${self:custom.crawlerqueue}"
```

这个配置的效果是为 AWS 定义并部署爬虫服务，并允许它被通过资源的配置部署的爬虫 SQS 队列触发。关键部分列举如下。

● custom：定义要在配置中的其他地方使用的属性。

● provider：此配置中的 provider 部分设置 AWS 权限，从而允许服务访问 SQS 队列，并授予其写入 S3 存储桶的权限。

- functions：这部分用来定义服务的 Lambda 函数。处理程序设置引用了我们将很快看到的具体实现。事件条目将函数连接到之前部署的 SQS 爬虫队列。最后，在环境块部分，定义了函数可用的环境变量。

注意　iamRoleStatements 块中定义的权限直接映射到 AWS Identity and Access Management (IAM)模型。可以在 AWS 的 https://aws.amazon.com/iam 上查阅完整文档。

与之前用于设定资源的 serverless.yml 文件不同，这个文件没有定义任何资源。那是因为我们将在这个服务范围之外定义资源。一般来说，一个常用的做法是将全局或共享资源部署在公共资源堆栈中，那些单个服务所使用的资源应该与该特定服务部署在一起。

提示　无服务器 YAML 文件中的 resource 部分定义了将在部署时创建的资源。依托于此资源的其他服务必须在资源创建后部署。我们建议最好将全局资源放在一个单独的配置中。

现在让我们看一下爬虫的主要实现文件，它存储在 handler.js 文件中。文件的顶部包含了许多模块，如代码清单 2-5 所示。

代码清单 2-5　爬虫 handler.js 所需的模块

包括 AWS SDK 节点模块。在本示例中，我们实例化一个 S3 对象和一个 SQS 对象，分别与 S3 存储桶和队列进行交互

request 是一个节点模块，它实现了一个功能齐全的 HTTP 客户端

url 是一个了解如何解析 URL 的核心节点模块

```
const request = require('request') 1((CO3-1))
const urlParser = require('url')
const AWS = require('aws-sdk')
const s3 = new AWS.S3()
const sqs = new AWS.SQS({region: process.env.REGION})
const images = require('./images')()
```

./images 指的是 images.js 文件中我们自己的模块

服务的主要入口点是 crawlImages。该函数使用 3 个参数：event、context 和 cb，如代码清单 2-6 所示。

代码清单 2-6　爬虫服务入口点

```
module.exports.crawlImages = function (event, context, cb) {
  asnc.eachSeries(event.Records, (record, asnCb) => {
    let { body } = record

    try {
      body = JSON.parse(body)
    } catch (exp) {
      return asnCb('message parse error: ' + record)
```

遍历消息

```
    }
    if (body.action === 'download' && body.msg && body.msg.url) {
      const udomain = createUniqueDomain(body.msg.url)
      crawl(udomain, body.msg.url, context).then(result => {     ◀──── 抓取图片
        queueAnalysis(udomain, body.msg.url, context).                    的 URL
        then(result => {                              ◀──── 向 SQS 发送消
          asnCb(null, result)                               息以触发分析
        })
      })
    } else {
      asnCb('malformed message')
    }
  }, (err) => {
    if (err) { console.log(err) }
    cb()
  })
}
```

该函数有如下 3 个参数。

(1) event：提供有关正在处理的当前事件的信息。在本例中，事件对象持有从 SQS 队列中获取的记录数组。

(2) context：由 AWS 调用，用来提供上下文信息，例如可用内存数量、执行时间和客户端调用上下文。

(3) cb：回调函数。由处理程序调用，并在处理完成后生成结果。

回调和异步 I/O

回调函数是 JavaScript 的主要功能，它允许代码异步执行，并通过执行传入的回调参数返回结果。回调是一种适合异步 I/O(与同步 I/O 相反)的自然语法，这是 Node.js 平台成功的原因之一。如果你需要了解 JavaScript 函数和回调，我们推荐你阅读 Node School 的 "JavaScript" 教程，网址为 https://nodeschool.io/。

---

package.json 的内容如代码清单 2-7 所示，让我们简单地了解一下爬虫服务。该文件提供了一组 Node 模块的依赖项。

代码清单 2-7　爬虫服务的 package.json

```
{
  "name": "crawler-service",
  "version": "1.0.0",
  "description": "",                      ◀──── 设置模块版本号
  "main": "handler.js",
  "scripts": {
    "test": "echo \"Error: no test specified\" && exit 1"
  },
  "author": "",
  "license": "ISC",
```

```
"dependencies": {
  "async": "^3.2.0",
  "aws-sdk": "^2.286.2",        ←———— 设置 aws-sdk 模块版本
  "htmlparser2": "^3.9.2",
  "request": "^2.87.0",
  "shortid": "^2.2.15",
  "uuid": "^3.3.2"
  }
}
```

package.json

虽然 package.json 文件的格式相对简单，但依旧存在一些细微差别，例如语义版本支持和脚本。这些内容不在本书的讨论范围内。有关这一主题的深入介绍可以参阅 NPM 提供的相关信息，网址为 https://docs.npmjs.com/files/ package.json。

这个入口点函数非常简单。它只调用 crawl 函数，从事件对象提供的 URL 下载图像，爬取完成后向 SQS 发送一条消息，表明下载的图像已经为分析做好准备。crawl 函数的主要部分如代码清单 2-8 所示。

代码清单 2-8 crawl 函数

```
function crawl (url, context) {
  const domain = urlParser.parse(url).hostname    ←———— 从请求的 URL 中提取域信息

  return new Promise(resolve => {
    request(url, (err, response, body) => {        ←———— request 模块用于获取
      if (err || response.statusCode !== 200) {           给定 URL 的 HTML
        return resolve({statusCode: 500, body: err})
      }

      images.parseImageUrls(body, url).then(urls => {
        images.fetchImages(urls, domain).then(results =>
          writeStatus(url, domain, results).then(result => {
            resolve({statusCode: 200, body: JSON.stringify(result)})
          })
        })
      })
    })
  })
}
```

该图像列表被传递给 fetchImages 函数，该函数将每个图像下载到指定的存储桶中

解析后的 HTML 内容传递给 parseImageUrls 函数，该函数返回一个可供下载的图像列表

最后，该函数在解析 promise 之前将状态文件写入桶中，供后续服务使用

promise 和粗箭头函数

如果你对 JavaScript 不是很熟悉，可能不太明白.then(result => {...这样的构造是什么意思。粗箭头运算符是 function 关键字的替代品(大同小异)。以下代码是等效的：

```
result => { console.log(result) }
function (result) { console.log(result) }
```

　　.then 构造定义了一个在 promise 解析中调用的处理程序函数。promise 为异步 I/O 的回调提供了一种替代机制。许多人更喜欢使用 promise 而不是回调，因为它有助于保持代码整洁并避免俗称的 "Callback Hell" 的产生。如果你不熟悉 promise，可在 https://www.promisejs.org/ 上查阅相关内容。

　　代码清单 2-9 显示的 queueAnalysis 函数使用 AWS SQS 接口将消息发布到分析队列，该消息稍后将被分析服务接收。

代码清单 2-9　queueAnalysis 函数

```
function queueAnalysis (url, context) {
  let domain = urlParser.parse(url).hostname
  let accountId = process.env.ACCOUNTID
  if (!accountId) {
    accountId = context.invokedFunctionArn.split(':')[4]
  }
  let queueUrl = `https://sqs.${process.env.REGION}.amazonaws.com/
    ${accountId}/
    ${process.env.ANALYSIS_QUEUE}`          ◀──────── 构建 SQS 端点 URL

  let params = {                  ◀──────── 构造消息体
    MessageBody: JSON.stringify({action: 'analyze', msg: {domain:
domain}}),
    QueueUrl: queueUrl
  }

  return new Promise(resolve => {
    sqs.sendMessage(params, (err, data) => {   ◀──────── 将消息发布到 SQS
    ...
    })
  })
}
```

　　到此，爬虫代码的讲解结束，接下来部署服务。首先，需要安装支持的节点模块。执行 cd 命令进入 crawler-service 目录并运行：

```
$ npm install
```

通过运行 Serverless Framework 的 deploy 命令部署服务：

```
$ serverless deploy
```

　　执行完该命令后，检查 AWS Lambda 控制台，确认一切是否正常，该控制台的界面如图 2-9 所示。

图 2-9　爬虫服务 Lambda

学习分析函数之前，可向 SQS 发送消息来测试爬虫。如图 2-10 所示，打开 AWS 控制台，进入 SQS 服务页面，选择相应区域中的 Chap2CrawlerQueue。接下来，从 Queue Action 下拉列表中选择 Send Message。

将下面的 JSON 粘贴到消息窗口中，然后单击 Send Message 按钮。

```
{
  "action": "download",
  "msg": {
    "url": "http://ai-as-a-service.s3-website-eu-west-1.amazonaws.com"
  }
}
```

> **注意**　我们已使用 S3 创建了一个简单的静态网站，出于测试目的，在测试消息的 URL 中有一些示例图像。但如果你愿意，也可以使用不同的 URL，例如，Google 图像搜索返回的结果。

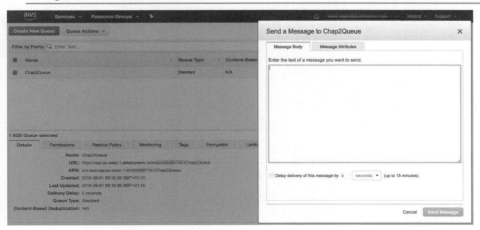

图 2-10　发送 SQS 消息

该消息将被附加到 SQS 队列并被爬虫服务拾取。可以通过查看爬虫日志来确认这件事。打开 AWS 控制台，然后打开 CloudWatch。单击左侧的 Logs 菜单项，选择 crawler-service-dev-crawlimages 爬虫服务，并检查日志。可以看到类似图 2-11 所示的结果。

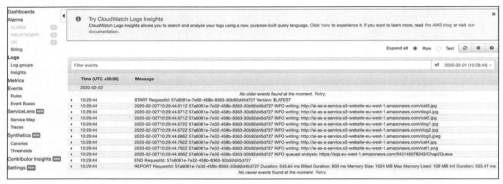

图 2-11　爬虫的 CloudWatch 日志

最后，检查图像是否被正确下载。打开 AWS 控制台并转到 S3 服务，选择存储桶。在名为 ai-as-a-service.s3-website-eu-wester1.amazonaws.com 的文件夹中单击并查看下载的图像，如图 2-12 所示。

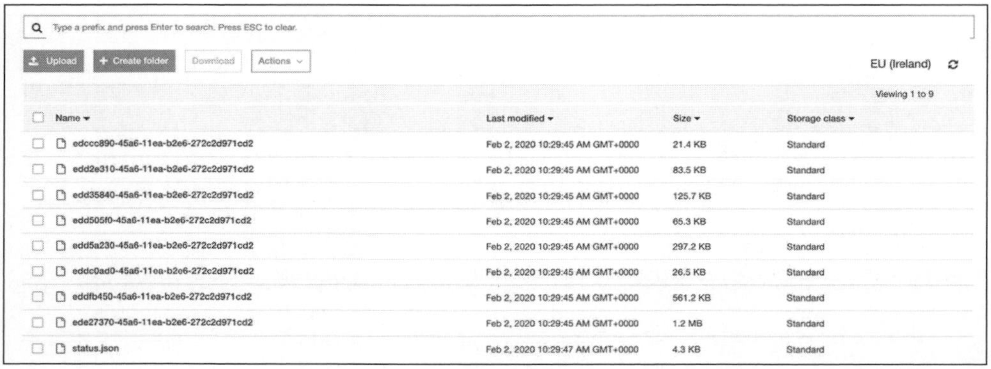

图 2-12　下载的图像

第 3 章将讲解分析服务，并在部署其余部分之前完成异步服务的部署。现在，好好休息一下，祝贺自己迄今为止取得的成果！

2.5　本章小结

- AWS 提供了越来越多的云原生服务。本章使用了其中的 S3、Route53、Lambda 和 SQS。

- AWS 提供了一个基于 Web 的控制台，我们可以使用它设置账户并配置 API 访问密钥。
- 无服务器框架可用于部署云基础设施，例如：S3 存储桶、SQS 队列、Route53 DNS 记录。serverless.yml 文件支持以可控的方式定义和部署基础设施。
- SQS 队列可连接至爬虫 Lambda 函数。
- 爬虫服务是一个 Lambda 函数，用于下载图像并将其放入 S3 存储桶中。

警告　第 3 章将继续构建此系统，我们在第 3 章末尾提供了有关如何删除已部署资源的说明。如果你暂时不打算继续学习第 3 章，请删除本章部署的所有云资源，以免产生额外的费用。

第 **3** 章

构建无服务器图像识别
系统，第2部分

本章主要内容：

- 构建简单的 AI 即服务系统
- 使用 AI 图像识别服务
- 实现同步服务和异步服务
- 部署 UI(用户界面)
- 部署到云端

本章将继续构建第 2 章创建的无服务器图像识别系统。构建过程中将添加图像识别服务来调用 AWS Rekognition，以进行图像识别。所有工作完成后，还要为系统创建一个简单的前端，以测试图像识别能力。

如果你还没有完成第 2 章的部署工作，请在继续本章之前完成相关部署。如果你对第 2 章的内容很熟悉，则可以直接在第 2 章的工作基础上部署分析服务。

3.1 部署异步服务

第 2 章设置了开发环境并部署了爬虫服务。本章将继续部署系统的其余部分，首先从分析服务开始。

分析服务

我们来看看 analysis-service。与 crawler-service 类似，一旦 S3 存储桶中有可供分析的图像，该服务就会被来自 Analysis SQS 队列的消息触发。该服务的逻辑概要如图 3-1 所示。

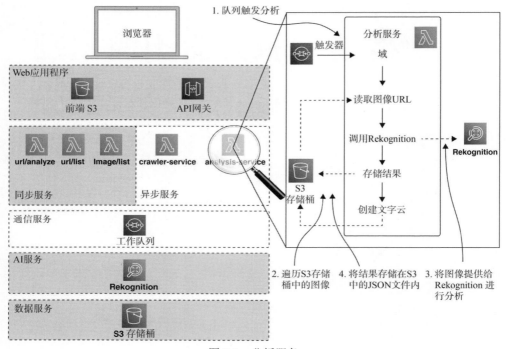

图 3-1　分析服务

本质上，analysis-service 构成了下载的图像和 Amazon Rekognition 服务之间的桥梁。crawler-service 下载的每张图像都被输入 Rekognition 中，并返回一组标签。每个标签都有一个单词(用于描述模型在图像中识别的对象)和一个置信度(0～100 之间的数字，其中 100 表示图像标签完全可信)。

在此分析之后，该服务会处理返回的数据，从而创建一组可输入文字云生成器的字数统计。其背后的意图是直观地确定给定 URL 中可用图像之间的一般线程。

让我们看一下 analysis-service 中的代码，从 serverless.yml 配置开始，看看这是如何实现的，具体内容如代码清单 3-1 所示。

代码清单 3-1　分析服务的 serverless.yml

```
service: analysis-service
custom:
  bucket: ${env:CHAPTER2_BUCKET}
  ...
```

```
provider:
  ...
  iamRoleStatements:
    - Effect: "Allow"          ←──── 允许访问 Rekognition API
      Action:
        - "rekognition:*"
      Resource: "*"
  ...

functions:
  analyzeImages:              ←──── 定义主要入口点
    handler: handler.analyzeImages
    ...
```

通过观察，我们发现这个 serverless.yml 配置文件与前面的非常相似。主要的区别是它允许从 Lambda 函数访问 Rekognition API。让我们看看这个接口是如何工作的。analysis-service 代码中的 handler.js 文件实现了这个接口。

代码清单 3-2 展示了 analysis-service 的 require 语句的用法。

代码清单 3-2　分析服务请求

加载 AWS SDK 模块　　　　S3 接口是用来处理存储桶及其对象的　　　创建 Rekognition 接口

```
const AWS = require('aws-sdk')
const s3 = new AWS.S3()
const rek = new AWS.Rekognition()
```

代码清单 3-3 显示了如何在 analyzeImageLabels 函数中使用 Rekognition 对象。

代码清单 3-3　使用 Rekognition API

```
function analyzeImageLabels (imageBucketKey) {    ←── 创建 Rekognition 调用参数
  const params = {
    Image: {
      S3Object: {
        Bucket: process.env.BUCKET,
        Name: imageBucketKey
      }
    },
    MaxLabels: 10,
    MinConfidence: 80
  }
  return new Promise((resolve, reject) => {         ←── 调用 Rekognition 的 detectLabel API
    rek.detectLabels(params, (err, data) => {
      if (err) {
        return resolve({image: imageBucketKey, labels: [], err: err})
      }
      return resolve({image: imageBucketKey,
        labels: data.Labels})                       ←── 解析 promise 与结果
    })
  })
}
```

这个简单的函数实现了非常多的功能！它触发图像识别 AI 服务，并处理存储在 S3 存储桶中的图像文件，然后返回一组结果，为下一步处理做准备。所有这些使用极少的代码即可实现！

需要指出的是，可以用 Rekognition 完成更多的事情。然而，对于本项目来说，使用默认设置即可。后述章节将更详细地探讨 Rekognition 的其他功能。

提示　Rekognition 不但适用于静态图像，也可以很好地处理视频。它可以用于检测图像中的一系列特征，比如微笑或皱眉的脸、图像中的文字以及知名人士。你能想到对终端用户有帮助的应用程序吗？例如，我们最近使用它检测图像中的地址和邮政编码。

---

analysis-service 的最终代码清单 3-4 展现了 wordCloudList 函数的使用。它可用于计算某个单词在所有检测到的标签上出现的次数。

代码清单 3-4　wordCloudList 函数

```
function wordCloudList (labels) {          ← 该函数接受一个标签
  let counts = {}                              对象数组
  let wcList = []

  labels.forEach(set => {                   ← 迭代每个标签对象中的标签
    set.labels.forEach(lab => {                集，从而计算标签出现的次数
      if (!counts[lab.Name]) {
        counts[lab.Name] = 1
      } else {
        counts[lab.Name] = counts[lab.Name] + 1
      }
    })
  })

  Object.keys(counts).forEach(key => {      ← 单词计数被转换为双元素
    wcList.push([key, counts[key]])             数组，元素内容为 key 和
  })                                            counts[key]
  return wcList
}
```

继续使用无服务器框架部署分析服务：

```
$ cd analysis-service
$ npm install
$ serverless deploy
```

部署完成后，可以通过 AWS 控制台，将测试消息发送到 SQS 中来重新运行系统。发送与之前相同的 JSON 消息：

```
{
  "action": "download",
  "msg": {
```

```
      "url": "http://ai-as-a-service.s3-website-eu-west-1.amazonaws.com"
   }
}
```

这将导致爬虫服务运行。完成后，爬虫会向分析 SQS 队列中发布一条消息，要求对下载的图像进行分析，这将触发分析服务。最终结果将是在 S3 中添加到 status.json 文件中的一组标签。如果你继续并打开此文件，可以看到类似代码清单 3-5 的内容。

代码清单 3-5　wordCloudList 计算结果

```
{
  "url": "http://ai-as-a-service.s3-website-eu-west-1.amazonaws.com",
  "stat": "analyzed",
  "downloadResults": [              ◀────── 图片下载结果
    {
      "url": "http://ai-as-a-service.s3-website-eu-west-1.amazonaws.com/
      cat1.png",
      "stat": "ok"
    },
    ...
  ],
  "analysisResults": [             ◀────── 图像分析结果
    {
      "image": "ai-as-a-service.s3-website-eu-west-1.amazonaws.com/cat1.png",
      "labels": [
        {
          "Name": "Cat",
          "Confidence": 99.03962707519531
        }
      ]
      ...
  ],
  "wordCloudList": [              ◀────── 文字云计算
  [ "Cat", 3 ],
  [ "Dog", 3 ],
  ....
  ]
}
```

在更完整的系统中可能需要考虑将此信息存储在数据库或键/值存储中。然而，在这种简单的演示中，S3 就够用了。这个状态文件用于驱动前端和 UI 服务——这是 3.2 节关注的内容。

3.2　实现同步服务

在该系统中，同步服务由 UI 服务和前端组成。前端完全在浏览器中呈现和执行，而 UI 服务通过 3 个 Lambda 函数执行。

3.2.1　UI 服务

图 3-2 概述了 UI 服务的操作流程。

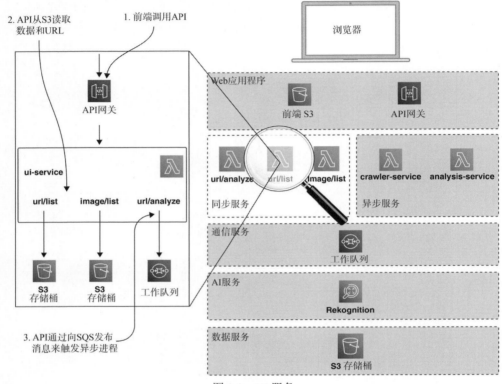

图 3-2　UI 服务

如图 3-2 所示，UI 服务公开了 3 个端点。

- url/list：列出所有已提交分析的 URL。
- image/list：列出为特定 URL 分析的所有图像。
- url/analyze：提交一个 URL 进行分析。

无服务器框架允许在一个配置文件中定义多个 Lambda 函数，详见 UI 服务的配置。接下来，让我们看看 UI 服务的 serverless.yml，如代码清单 3-6 所示。

代码清单 3-6　UI 服务的 serverless.yml

```
service: ui-service
frameworkVersion: ">=1.30.0"
plugins:
  - serverless-domain-manager          域插件
custom:
  bucket: ${env:CHAPTER2_BUCKET}
  queue: Chap2Queue
```

```
region: ${env:AWS_DEFAULT_REGION, 'eu-west-1'}
domain: ${env:CHAPTER2_DOMAIN}
accountid: ${env:AWS_ACCOUNT_ID}
customDomain:
  domainName: 'chapter2api.${self:custom.domain}'        ← 自定义域设置
  stage: dev
  basePath: api
  certificateName: '*.${self:custom.domain}'
  createRoute53Record: true
  endpointType: regional

provider:
  name: aws
  runtime: nodejs12.x
  region: ${env:AWS_DEFAULT_REGION, 'eu-west-1'}
  iamRoleStatements:                                      ← 角色权限
  ...

functions:
  analyzeUrl:                                             ← 分析 URL Lambda
    handler: handler.analyzeUrl                             HTTP POST
    environment:
    ...
    events:
      - http:
        path: url/analyze
        method: post
  listUrls:                                               ← 列出 URL 的 Lambda
    handler: handler.listUrls
    ...
  listImages:                                             ← 列出图像的 Lambda
    handler: handler.listImages
......
```

　　这个配置在前面的配置文件之上引入了一些新元素。首先，使用了自定义插件：serverless-domain-manager。它用来为服务建立一个自定义域。也许你还记得，在第 2 章的开头，我们在 Route53 中建立了一个域，并创建了一个通配符证书。稍后，我们将把这个域用于 UI 服务。

　　此时配置中的权限部分很眼熟。函数部分略有不同，有 3 个入口。注意，每个入口都是相似的，因为都被绑定到一个 HTTP 事件。此举用于告知 Serverless 将该函数绑定到 API 网关，并通过给定的路由使该函数可用。自定义域入口用于为服务创建 DNS 入口，并将其连接到 API 网关。稍后将部署这个服务，先来看看它是如何实现的，详见 handler.js 文件。

　　就像前面一样，我们需要 AWS SDK(AWS 开发工具包)，然后创建服务使用的所需对象，在本例中是 S3 和 SQS，如代码清单 3-7 所示。

代码清单 3-7　UI 服务需求

加载 url 节点模块,用于解析 URL

加载 AWS SDK,同时实例化 S3 和 SQS 接口

```
const urlParser = require('url')
const AWS = require('aws-sdk')
const s3 = new AWS.S3()
const sqs = new AWS.SQS({region: process.env.REGION})
```

该服务定义了 3 个入口点,它们将部署为 3 个单独的 Lambda 函数。listUrl 函数中的内容如代码清单 3-8 所示。

代码清单 3-8　listUrl 函数

```
module.exports.listUrls = (event, context, cb) => {        ← 入口点
  const params = {
    Bucket: process.env.BUCKET,
    Delimiter: '/',
    MaxKeys: 1000
  }

  s3.listObjectsV2(params, (err, data) => {        ← 列出 S3 对象
    let promises = []
    if (err) { return respond(500, {stat: 'error', details: err}, cb) }

    data.CommonPrefixes.forEach(prefix => {
      promises.push(readStatus(prefix.Prefix))
    })
    Promise.all(promises).then(values => {
      let result = []
      values.forEach(value => {
        result.push({url: value.url, stat: value.stat})        ← 返回 URL 列表
      })
      respond(200,
        {stat: 'ok', details: result}, cb)
    })
  })
}
```

请注意,此函数的入口点与所有其他服务的入口点完全相同——即使在这种情况下,该函数将作为 HTTP GET 请求通过 API 网关执行。该函数非常简单,因为它仅列出 S3 存储桶中顶层的文件夹集合,并将列表作为 JSON 数组返回。

我们的 listImages 函数更简单——它从 S3 读取文件 status.json 并返回内容以供显示,此处不再赘述。让我们看看代码清单 3-9 的 analysisUrl 函数。

代码清单 3-9　analysisUrl 函数

```
module.exports.analyzeUrl = (event, context, cb) => {
  let accountId = process.env.ACCOUNTID
  if (!accountId) {
```

```
    accountId = context.invokedFunctionArn.split(':')[4]
  }
  const queueUrl = `https://sqs.${process.env.REGION}.amazonaws.com/
    ${accountId}/
    ${process.env.QUEUE}`              ◄──── 构建队列 URL

  const body = JSON.parse(event.body)

  const params = {
    MessageBody: JSON.stringify({action: 'download', msg: body}),
    QueueUrl: queueUrl
  }

  sqs.sendMessage(params, (err, data) => {   ◄──── 发送 SQS 消息
    if (err) { return respond(500, {stat: 'error', details: err}, cb) }
   respond(200,
    {stat: 'ok', details: {queue: queueUrl, msgId: data.MessageId}}, cb)
  })
}
```

同样，这个函数也相当简单。它将一个 URL 作为事件主体，并将该 URL 作为消息有效负载的一部分发送到 SQS 队列，供爬虫服务处理。

单一职责原则

单一职责原则(Single Responsibility Principle，SRP)是一个强大的思想，可以帮助保持代码解耦并具有良好的可维护性。正如你希望看到的，到目前为止所有的代码都遵循 SRP。人们倾向于将 SRP 应用于以下场景：

- 在架构级别，每个服务都只有一个单一的目的。
- 在实现层面，每个函数都只有一个单一的目的。
- 在"代码行"级别，每一行都只做一件事。

我们所说的"代码行"级别是什么意思？下面的这行代码执行了多个操作：获取 bar 的值并针对 foo 测试它。

```
if (foo !== (bar = getBarValue())) {
```

一个更清晰的实现是将代码分成两行，每一行只做一件事：

```
bar = getBarValue()
if (foo !== bar) {
```

到此，UI 服务的代码已经全部讲解完毕，让我们继续部署它。首先，我们需要创建自定义域入口。serverless.yml 文件使用环境变量 CHAPTER2_DOMAIN 作为 ui-service 部署的基本域。如果你还没有设置这个变量，可通过将代码清单 3-10 的内容添加到 shell 启动脚本中进行设置。

代码清单 3-10　为基本域设置环境变量

```
export CHAPTER2_DOMAIN=<MY CUSTOM DOMAIN>
```

将<MY CUSTOM DOMAIN>替换为你在本章开始时创建的域。

接下来安装支持的节点模块。为此，请通过 cd 命令进入 ui-service 目录并安装如下依赖项：

```
$ npm install
```

这将在本地安装 package.json 中的所有依赖项，包括 serverless-domain-manager。要创建自定义域，请运行：

```
$ serverless create_domain
```

这个命令将让域管理器插件在 Route53 中创建域。例如，自定义域名是 example.com，那么这将为 chapter2api.example.com 创建一个 A 记录，如 serverless.yml 的 customDomain 部分中所指定。此部分参见代码清单 3-11。

代码清单 3-11　serverless.yml 中的自定义 ui-service

```
custom:
  bucket: ${env:CHAPTER2_BUCKET}
  queue: Chap2Queue
  region: ${env:AWS_DEFAULT_REGION, 'eu-west-1'}
  domain: ${env:CHAPTER2_DOMAIN}          ←  自定义域环境变量
  accountid: ${env:AWS_ACCOUNT_ID}
  customDomain:
    domainName: 'chapter2api.${self:custom.domain}'  ←  完整的域名
    stage: dev
    basePath: api
    certificateName: '*.${self:custom.domain}'   ←  证书参考
    createRoute53Record: true
    endpointType: regional
```

注意，需要有 APIGatewayAdministrator 权限才能完成这项任务。如果新建了一个 AWS 账户，则应该在默认情况下启用它。最后，还需要像往常那样通过下面的代码部署服务：

```
$ serverless deploy
```

这将把 UI 端点部署为 Lambda 函数，并配置 API 网关以调用这些函数。同时，将自定义域绑定到 API 网关。最终的结果是，函数可以通过 HTTP 调用，地址为 https://chapter2api.<YOUR CUSTOM DOMAIN>/api/url/list。要测试这一点，请打开一个 Web 浏览器并将其指向该 URL，即可看到以下输出：

{"stat":"ok","details":[{"url":"http://ai-as-a-service.s3-website-eu-west-1.amazonaws.com","stat":"analyzed"}]}

这是因为到目前为止，我们只提交了一个 URL 供下载和分析，所以 UI 服务仅返回包含一个元素的列表。

3.2.2　前端服务

我们系统的最后一部分是前端服务。这与系统的其他部分有一点不同，因为它纯粹是一个前端组件，完全在用户的浏览器中执行。图 3-3 是前端服务的结构示意图。

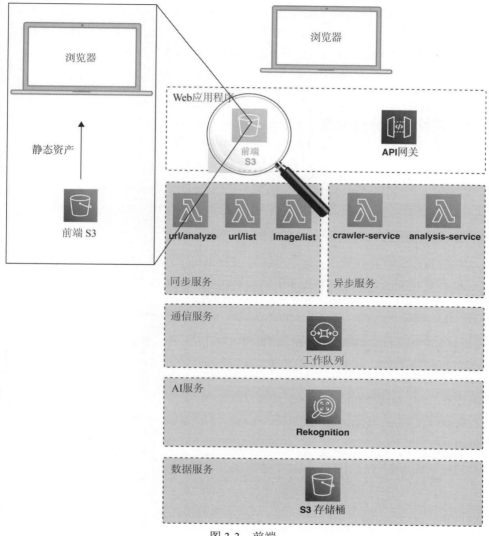

图 3-3　前端

我们将把这个服务作为一组静态文件部署到 S3。参见代码清单 3-12，首先通过 cd 命令进入 frontend-service 目录，即可看到如下结构。

代码清单 3-12　前端服务结构

```
├── app
│   ├── code.js
│   ├── index.html
│   ├── templates.js
│   └── wordcloud2.js
```

这种情况不需要 serverless.yml 配置，因为只是将前端部署到 S3 存储桶中。前端的代码包含在 app 目录中，而该目录包含应用程序的 HTML 和 JavaScript。在这种情况下，应用程序是所谓的单页应用程序(SPA)。有许多框架可以帮助构建大型 SPA 应用程序，如 Angular、React 或 Vue。简单应用程序只需要使用 jQuery，因为它简单易用，而且我们的应用程序足够简单，不需要前端框架的支持。

> **单页应用程序**
> 单页应用程序架构的特点是动态地将内容重写为单个页面，而不是为了呈现新内容而重新加载 Web 页面。这种方法已经变得越来越流行，并在现代 Web 应用程序中广泛应用。事实上，正是这种应用模型的兴起，在一定程度上推动了你可能遇到的许多前端 JavaScript 框架的开发，如 Angular、React、Vue 等。
>
> 如果你不熟悉这种方法，我们推荐你阅读这本电子书：https://github.com/mixu/singlepageappbook。

注意　这个示例系统直接使用 S3 为应用程序提供服务。为了大规模运行，通常的做法是使用 S3 存储桶作为 Amazon CloudFront CDN(内容交付网络)的来源。

实现前端的代码相当简单，由单个 HTML 页面和一些 JavaScript 组成。让我们快速浏览 index 页面，内容如代码清单 3-13 所示。

代码清单 3-13　前端的 index.html

```
<html>
<head>                                                          CDN 库
  <link rel="stylesheet" href="https://stackpath.bootstrapcdn.com/
bootstrap/4.1.3/css/bootstrap.min.css">
  <script src="https://code.jquery.com/jquery-3.3.1.min.js"></script>
  <script src="https://stackpath.bootstrapcdn.com/bootstrap/4.1.3/js/
bootstrap.min.js"></script>
  <script src="/templates.js"></script>          ←          应用程序代码
  <script src="/code.js"></script>
```

```
    <script src="/wordcloud2.js"></script>
</head>
<body>

<div class="navbar navbar-expand-lg navbar-light bg-light">    ◀────  定义导航栏
    ...
</div>

<div id="content"></div>              ◀────
                                              主要内容区
</body>
</html>
```

页面的 head 部分之所以从共享 CDN 加载一些标准库，例如 jQuery 和 Bootstrap，只是为了方便。对于生产环境的 Web 应用程序，通常会自行重新分发这些库，以确保它们的完整性。该页面定义了一个简单的导航栏，并声明一个内容区域。该内容区域将由应用程序代码填充，其中大部分内容存储在 code.js 文件中。

jQuery，Bootstrap 和 CDN

如果你不熟悉前端 JavaScript 开发，可能不了解 HTML 文件中 Bootstrap 和 jQuery 的链接是什么。为了方便用户，这些项目都在快速内容交付网络上提供其库的主要版本的托管以及简要版本，以供外部应用程序使用。

为了清晰起见，我们从代码清单 3-14 中删除了一些细节。完整代码可参阅 Git 存储库。

代码清单 3-14　前端应用程序的主要 JavaScript

```
const BUCKET_ROOT = '<YOUR BUCKET URL>'        ◀────  定义存储桶 URL root
const API_ROOT = 'https://chapter2api.<YOUR CUSTOM DOMAIN>/api/'  ◀──
                                                        定义 UI API
                                                        root
function renderUrlList () {
  $.getJSON(API_ROOT + 'url/list', function (body) {
    ...                                    ◀────  获取和呈现 URL
  })
}

function renderUrlDetail (url) {
  let list = ''
  let output = ''
  let wclist = []

  $.getJSON(API_ROOT + 'image/list?url=' + url, function (data) {
    ...                               ◀────  获取和渲染图像
  })
}

$(function () {
  renderUrlList()
```

```
$('#submit-url-button').on('click', function (e) {
  e.preventDefault()
  $.ajax({url: API_ROOT + 'url/analyze',    ←          发送 URL 进行
    type: 'post',                                       分析
    data: JSON.stringify({url: $('#target-url').val()}),
    dataType: 'json',
    contentType: 'application/json',
    success: (data, stat) => {
    }
  })
})
})
```

该代码使用标准的 jQuery 函数向刚刚部署的 UI 服务发出 AJAX 请求。它将显示在页面加载时分析过的 URL 列表,以及针对特定 URL 分析过的图像列表。最后,它允许用户提交一个新的 URL 进行分析。在部署前端之前,应编辑文件 code.js 并替换以下行:

- const BUCKET_ROOT = '<YOUR BUCKET URL>'应替换为特定存储桶的 URL,如,https://s3-eu-west-1.amazonaws.com/mybucket。
- const API_ROOT = 'https://chapter2api.<YOUR CUSTOM DOMAIN>/api/' 应替换为特定自定义域。

继续部署前端,使用本章开头设置的 AWS 命令行运行以下命令:

```
$ cd frontend-service
$ aws s3 sync app/ s3://$CHAPTER2_BUCKET
```

注意　本示例将前端部署到与抓取的数据相同的存储桶中。我们不建议你为生产系统执行此操作。

现在已经构建并部署了一个完整的无服务器 AI 系统;在下一节中,我们将使用它。

3.3　运行系统

现在系统部署完成,是时候去运行它了。请打开 Web 浏览器并将其指向 https://<YOURBUCKETNAME>.s3.amazonaws.com/index.html。index 页面中将显示我们在测试部署期间分析过的单个 URL,如图 3-4 所示。

图 3-4　带有一个 URL 的默认登录页面

让我们看看图像分析系统如何处理其他图像。在互联网上查找小猫的图像:在浏览器中访问 Google 并搜索"cat pictures",然后单击 images 选项卡。你将看

到如图 3-5 所示的结果。

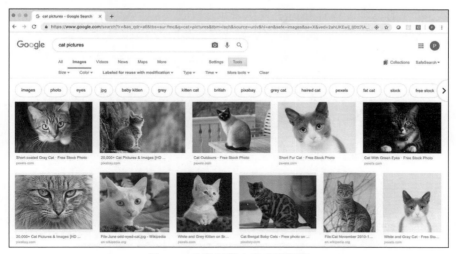

图 3-5　谷歌图像中的小猫图像

　　从地址栏中复制 URL，返回登录页面，然后将其粘贴到目标 URL 字段中，再单击 Analyze 按钮。几秒钟后，刷新页面即可看到与 www.google.com 相关的条目，状态为已分析(analyzed)，如图 3-6 所示。

图 3-6　带有对 Google 图像分析的登录页面

　　单击新分析数据集的链接，系统将显示 Rekognition 分析的图像列表，以及我们在前端生成的文字云，如图 3-7 所示。

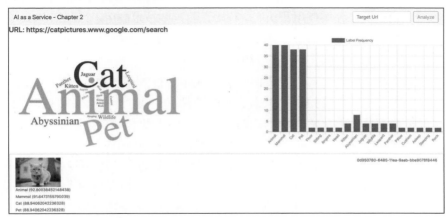

图 3-7　Rekognition 分析及文字云

  该系统在识别猫科动物图像方面相当成功。然而，在某些情况下，它完全失败了。成功处理的每个图像都有一个关联的标签列表。每个标签都有两个组成部分：一个单词和一个百分数。这个数字是置信度，是衡量 AI 认为该单词与图像匹配的准确程度的指标。那些识别失败的图像很有趣。例如图3-8，系统无法准确地判断仰卧着的猫，这很正常！

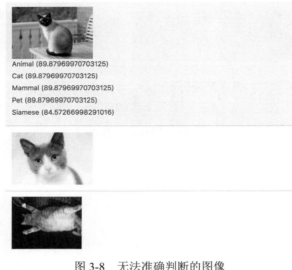

图 3-8 无法准确判断的图像

  恭喜！你现在已经部署并运行了你的第一个无服务器 AI 系统！

  本章介绍了很多基础知识，从如何起步到一个可以从任意网页识别图像的无服务器 AI 系统。虽然你可能觉得这一切有些仓促，但我们希望它能够说明，没有专业知识的开发者，现在也可以使用复杂的 AI 功能。

  显然，我们只是简单了解了 Rekognition 和图像识别技术的浅显知识。希望你已开始考虑如何在自己的工作中使用此功能。你可以将这些技术应用于以下场景：

- 从图像中提取地址和邮政编码信息。
- 确认上传的个人资料图片是有效的人脸图片。
- 让计算机通过描述当前视野内的物体，来帮助盲人或弱视者。
- 反向图像搜索，允许搜索视觉上相似的图像。
- 通过拍摄酒瓶上的标签来识别酒的类型、售价和价值。

可能性无法穷尽，围绕这项技术开创的商业机会将不断涌现。

  通过这些无服务器及 AI 技术，便能够用相对较少的代码实现大量功能，允许云基础设施为我们完成繁重的工作。还应该注意的是，这个图像识别系统可以在没有神经网络或深度学习专业知识的情况下构建。本书的后部将继续介绍这种人工智能的工程方法。

3.4　清理环境

完成系统测试后，应将其完全删除，以避免产生额外费用。这可以通过 Serverless remove 命令非常简单地实现。在 chapter2-3 代码目录中有一个 remove.sh 脚本，通过它即可执行删除操作。这将从 S3 中移除前端并删除所有相关资源。要使用它，请运行：

```
$ cd chapter2-3
$ bash remove.sh
```

如果你想重新部署系统只需找到同一文件夹中的一个名为 deploy.sh 的脚本，即可通过自动化的方式重新部署整个系统。

3.5　本章小结

- 分析服务使用图像识别 AI 服务。使用 AWS Rekognition detectLabels API 检测每个图像中的标记对象。
- 创建一个简单的 API 与分析系统交互。使用 API 网关为无服务器服务提供一个外部端点。
- 前端单页应用程序可以部署为无服务器应用程序的一部分。我们的单页应用程序已被复制到一个公共可访问的 S3 存储桶中。
- 这个系统的所有基础设施都被定义为代码。在任何时候都不需要使用 AWS Web 控制台部署应用程序。
- 部署和删除可以通过触发无服务器框架的脚本实现完全自动化。

警告　请确保已完全删除本章部署的所有云资源，以免产生额外费用！

第II部分 行业工具

第4章将创建一个完全无服务器的待办事项列表应用程序,并使用 AWS Cognito 对其进行保护。第 5 章继续为这个应用程序添加人工智能驱动的接口,例如语音转文字和交互式聊天机器人。

第 6 章将更详细地介绍那些有必要掌握的关键工具和技术,以便有效地应用人工智能服务。这包括如何创建和部署 pipeline(管道),如何在系统中构建可观察性,以及如何有效地监控和调试系统。

从头开始构建系统相对容易。在现实世界中,大多数人的任务是维护和扩展预先存在的平台,因此第 7 章将研究如何将所学知识应用到现有系统中。

第4章

以无服务器方式构建和保护 Web应用程序

本章主要内容：

- 通过无服务器方式创建待办事项列表应用程序
- 使用无服务器数据库——DynamoDB
- 以无服务器方式实现登录

本章将在第 2 章和第 3 章的基础上构建一个更强大的无服务器 AI 系统。大多数编程文本都使用规范的待办事项列表应用程序作为教学示例，本书也不例外。然而，我们的例子与其他待办事项清单程序有着很大的不同。本章构建的待办事项列表应用程序，将从一个熟悉的 CRUD(创建、读取、更新、删除)类型的、使用云原生数据库的应用程序开始。实现登录和注销功能后，我们将添加自然语言语音界面来记录和转录文字，并让系统从待办事项列表中读取日程安排。最后，再为系统添加一个对话界面，通过自然语音而不是键盘与系统进行交互。

本章将构建无服务器待办事项列表程序。第 5 章将添加 AI 功能：云端 AI 服务可以帮助完成这些繁重的工作，快速构建这些功能。

4.1 待办事项清单程序

我们的待办事项清单程序将使用多项 AI 服务。和以前一样，我们将沿用第 1 章中开发的、并在第 2 章和第 3 章中使用的无服务器 AI 系统的规范架构模式。

图 4-1 为我们的系统完成图。

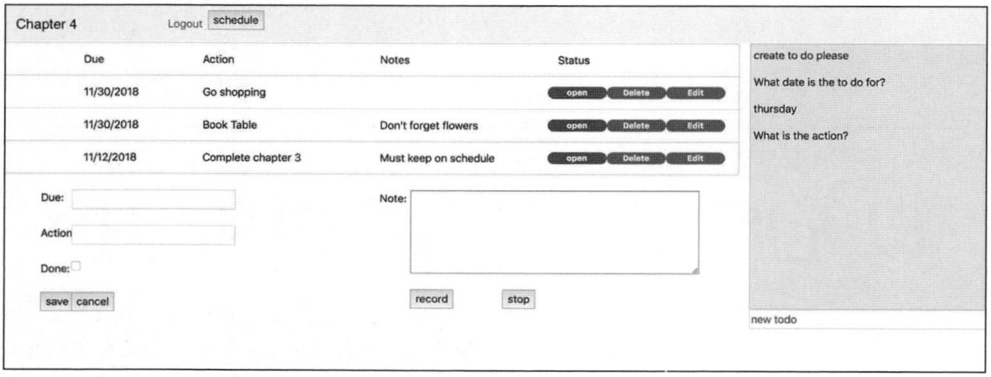

图 4-1　系统完成图

在这张图片中，用户正在通过与机器人聊天来创建新的待办事项。

4.2　体系结构

在开始组装系统之前，先看一下系统架构，并花点时间了解它如何映射到第 1 章中开发的规范无服务器 AI 架构。图 4-2 是系统的整体结构示意图。

系统架构清晰地区分了各个服务。每个服务都有一个定义良好的接口。

- Web 应用程序：客户端应用程序的静态内容由 S3 存储桶提供。API 网关提供了在同步和异步服务中触发事件处理程序的 API。Web 应用程序客户端使用 AWS Amplify client SDK 来处理身份验证。
- 同步服务和异步服务：这些自定义服务通过 AWS Lambda 函数实现，这些函数用于处理 API 请求，并执行应用程序的主要业务逻辑。
- 通信结构：AWS Route53 用于 DNS 配置，因此我们的服务可以使用自定义域名访问。
- 身份认证服务：AWS Cognito 用于身份验证和授权。
- AI 服务：我们使用 3 种托管的 AWS 人工智能服务，它们分别是 Transcribe、Polly 和 Lex。
- 数据服务：DynamoDB 是一个强大的、可扩展的数据库。我们使用 S3 来存储文件。

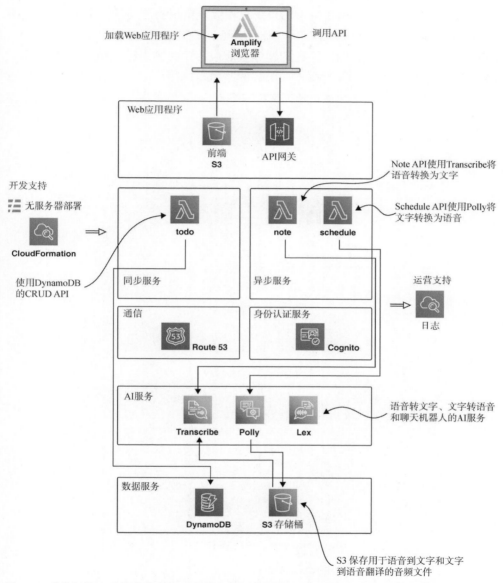

图 4-2　系统架构。系统由自定义服务和托管服务组成。通过使用 AWS 提供的许多托管服务，
可以快速构建和部署可伸缩的生产级应用程序

后面研究系统时，我们将更详细地描述每个部分，并解释它是如何构建和部
署的。

4.2.1　Web 应用程序

应用程序的结构如图 4-3 所示，其中突出显示了 Web 应用程序部分。

显示的结构与第 2 章和第 3 章中的系统很相似。系统的前端是一个单页应用程序，包括 HTML、CSS 和 JavaScript，用于呈现 UI，并部署到 S3 存储桶中。我们将在整章中重复使用这张图，并在构建完整应用程序时突出显示相关部分。和以前一样，我们使用 API 网关提供进入服务的路由。

图 4-3　Web 应用程序

在这个待办事项应用程序中，其前端使用了一个额外的库，AWS Amplify。Amplify 是一个 JavaScript 客户端库，可提供对指定 AWS 服务的安全访问。在我们的例子中，我们使用它为 Cognito 提供一个客户端界面，用于登录和注销，以及访问存储在 S3 中的语音转文字数据。

4.2.2　同步服务

图 4-4 再次展示了应用程序架构，此时重点展示了同步服务部分。

图 4-4　同步服务

图 4-4 显示了主要的同步服务。这是 to-do 服务，它为一个简单的 CRUD 接口公开路由。

- POST /todo/：新建一个条目。
- GET /todo/{id}：读取一个特定条目。
- PUT /todo/{id}：更新一个条目。
- DELETE /todo/{id}：删除一个条目。
- GET /todo：列出所有条目。

4.2.3　异步服务

图 4-5 突出显示了应用程序架构的异步服务部分。

有两种异步服务与语音到文字和文字到语音的转换有关。这些服务如下。

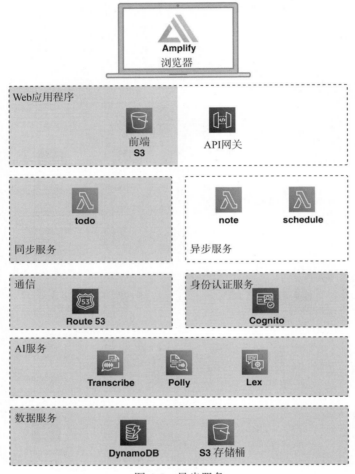

图 4-5   异步服务

Note 服务

提供将语音记录的笔记转换为文字的接口。

- POST /note：开始一个新的异步笔记转录工作。
- GET /note/{id}：轮询有关异步转录的信息。

Schedule 服务

提供一个接口来创建日程表，然后将其转换为录音。

- POST /schedule：启动一个新的异步调度作业。
- GET /schedule/{id}：轮询有关时间表的信息。

4.2.4 通信结构

为简单起见，我们选择使用基于轮询的机制来构建待办事项列表，并选择不使用任何队列。我们主要使用 HTTP 和 DNS 作为通信结构技术。

4.2.5　身份认证服务

我们使用 Amazon Cognito 作为用户登录和身份验证的机制。用户管理是一个"现成方案"，我们不再为开发的每个平台单独创建了。在这个系统中，我们使用 Cognito 完成这项繁重的工作。

4.2.6　AI 服务

如图 4-6 所示，突出显示部分涵盖了我们在该系统中使用的 AI 和数据存储服务。

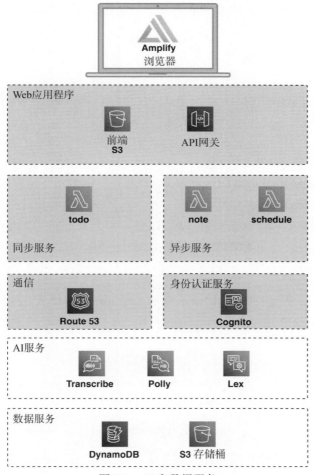

图 4-6　AI 和数据服务

图 4-6 显示我们正在使用多种 AI 服务。

- Transcribe 用于提供语音到文字的转换，并从 S3 读取输入的语音文件。
- Polly 将文字转换为语音，并将其输出音频文件写入 S3。
- Lex 用于创建交互式聊天机器人。我们将使用 Lex Web UI 系统直接插入前端应用程序。

4.2.7　数据服务

数据服务层使用简单存储服务(S3)和 DynamoDB。DynamoDB 是一个高度可扩展的云原生 NoSQL 数据库，我们用它来存储待办事项。

4.2.8　开发支持和运营支持

和以前一样，我们使用无服务器框架作为主要开发支持系统。所有日志数据都使用 CloudWatch 收集。

4.3　准备就绪

现在我们已经看到了最终目标，让我们一起深入了解系统。本章的先决条件列举如下：

- AWS 账户
- 已安装和配置 AWS 命令行工具
- 已安装 Node.js
- 已安装无服务器框架

第 2 章和第 3 章提供了有关如何设置 Node.js 和无服务器框架的说明。AWS 的设置说明请参考附录 A。如果你还没有完成以上工作，请先完成，完成后才能顺利运行本章的示例。

警告　AWS 是付费服务。请确保任何云基础设施在完成后都被及时销毁。我们将在每章末尾提供删除云资源的说明，来确保不会发生额外的费用。

获取代码

本章的源代码存放在存储库 https://github.com/fourTheorem/ai-as-a-service 的 code/chapter4 目录中。可以通过如下命令克隆存储库：

```
$ git clone https://github.com/fourTheorem/ai-as-a-service.git
```

这个系统的代码将参照系统构建步骤分解成多个简单的步骤。本章将构建基本应用程序，第 5 章则将为系统添加 AI 功能。查看 Chapter4 和 Chapter5 目录，可发现以下内容：

- chapter4/step-1-basic-todo
- chapter4/step-2-cognito-login
- chapter5/step-3-note-service
- chapter5/step-4-schedule-service
- chapter5/step-5-chat-interface

我们将按顺序浏览这些目录。每个逻辑步骤都会为待办事项列表应用程序添加额外的功能。让我们从第 1 步开始，创建我们的基本待办事项应用程序吧。

4.4　第 1 步：创建基本应用程序

大多数程序员都很熟悉基本待办事项应用程序，也时不时会遇到规范的待办事项应用程序。图 4-7 展示的就是一个部署后运行的应用程序。

图 4-7　基本的待办事项清单程序

完整的应用程序显示了一个待办事项列表，以及一个用于添加新待办事项的表单。

> **待办事项应用程序的意义**
>
> 在整合本书内容时，我们确实质疑过是否需要创建一个新的待办事项应用程序。然而，经过深思熟虑，我们认为它是有价值的，原因如下：
> - 我们的待办事项应用程序需要覆盖所有基本的 CRUD 操作。
> - 对于大多数程序员来说，这是一个熟悉的起点。
> - 大多数待办事项应用程序都停留在 CRUD 部分，我们的目标是探索如何通过人工智能服务来扩展应用。

在我们的基础应用程序当中，系统由一组小组件组成，如图 4-8 所示。

如你所见，我们的系统现在相当简单。它使用单一的 API 网关部署、一些简单的 Lambda 函数、一个 DynamoDB 表和一些由 S3 提供的前端代码。第 1 步的源代码在 chapter4/step-1-basic-todo 目录中，其结构如代码清单 4-1 所示，为了清晰起见，它只列出了关键文件。

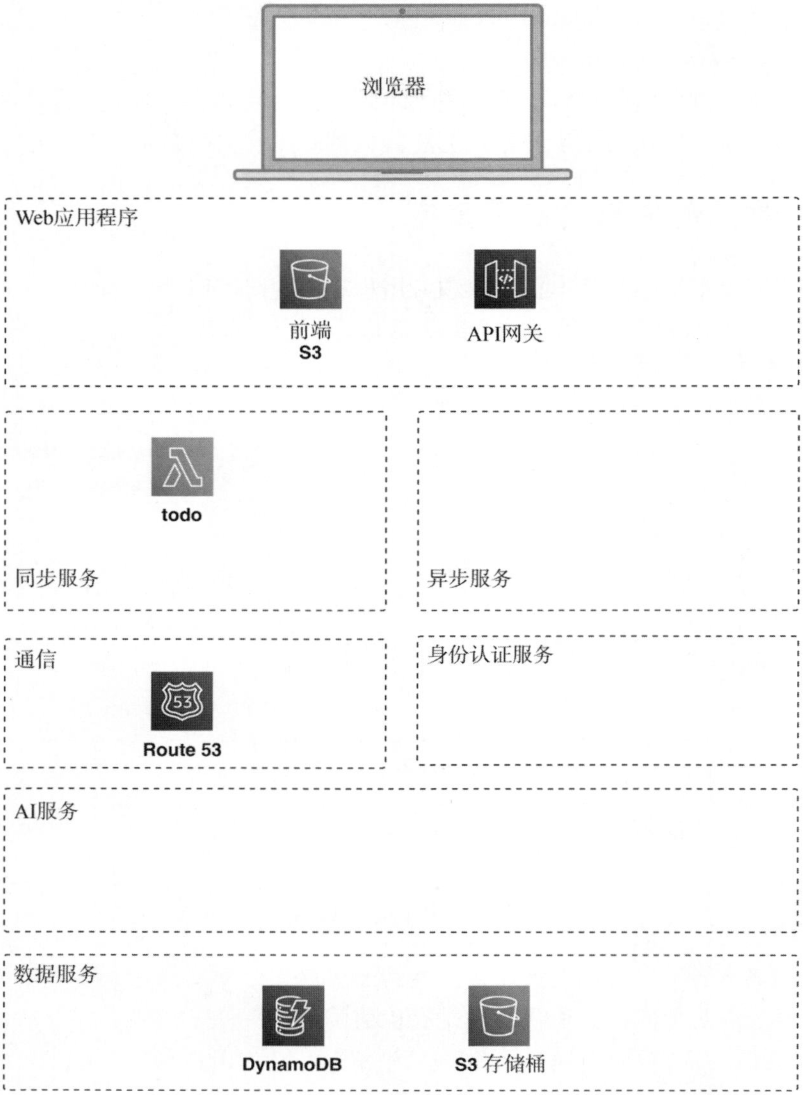

图 4-8　构建应用程序第 1 步的系统架构

代码清单 4-1　代码结构

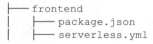

```
├── frontend
│   ├── package.json
│   ├── serverless.yml
```

```
│   └── webpack.config.js
├── resources
│   ├── package.json
│   └── serverless.yml


└── todo-service
    ├── dynamodb.yml
    ├── handler.js
    ├── package.json
    └── serverless.yml
```

让我们依次查看这些组件。

4.4.1　资源

与之前的应用程序一样，我们在 resources 目录中定义了一组全局云资源。需要注意的是，我们这里只配置全局资源。特定于单个服务的云资源的配置应与该服务定义放在一起。例如，to-do 服务对应 to-do DynamoDB 表。因此，这个资源被配置为 to-do service 定义的一部分。

提示　根据经验，应在服务代码中保留特定于服务的资源定义，并将全局访问的资源配置在服务目录之外。

我们的 serverless.yml 资源文件为前端定义了一个 S3 存储桶，设置权限并启用 CORS。在完成第 2 章和第 3 章的学习后，你应该对这个 serverless.yml 的格式和结构非常熟悉，所以此处不再赘述。要注意的是，我们在这个配置中使用了一个新插件：serverless-dotenv-plugin。这会从.env 文件中读取环境变量，该文件包含特定于系统的变量，例如存储桶名称。我们将在本节稍后部署系统时编辑此文件。

CORS

CORS 代表跨域资源共享(cross-origin resource sharing)。它是一种安全机制，允许网页从与加载原始网页的不同域请求资源。使用 CORS，Web 服务器可以有选择地允许或拒绝来自不同发起域的请求。关于 CORS 的详细介绍，请参考：https://en.wikipedia.org/wiki/Cross-origin_resource_sharing。

在我们的系统中，唯一的共享资源是数据存储桶。在后面的介绍中，各种服务都将使用这些存储桶。

4.4.2　待办事项服务

第 1 步，我们只实现了基本的待办事项 CRUD 服务和最小的前端。待办事项服务使用 Amazon 的云原生 NoSQL 数据库 DynamoDB。图 4-9 展示了组成待办事项服务的各个路由，每个路由执行相应的读或写操作。

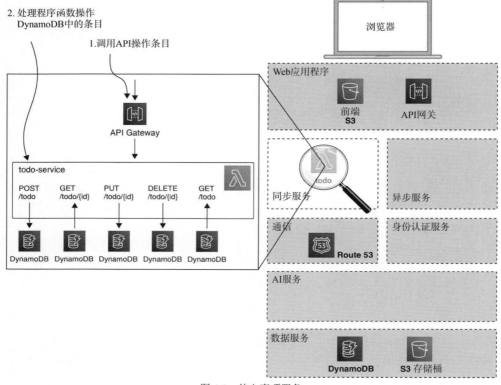

图 4-9   待办事项服务

图 4-9 的扩展部分显示了用于添加、更新和删除待办事项记录的 POST、PUT 和 DELETE 路由。显示了两条 GET 路由：一条用于检索所有待办事项，另一条用于根据 ID 检索单个待办事项。

CRUD

CRUD 代表创建、读取、更新、删除。有时你会听到术语"基于 CRUD 的应用程序"。该术语仅表示对某些数据执行这些标准操作的应用程序。通常，CRUD 应用程序是使用 RESTful HTTP 接口实现的。这意味着使用了以下 HTTP 操作。

- POST /widget：发布数据以创建和存储新的 widget。
- GET /widget/{id}：使用提供的 ID 读取 widget 的数据。
- PUT /widget/{id}：使用提供的 ID 更新 widget。
- DELETE /widget/{id}：使用提供的 ID 删除 widget。
- GET /widget：获取所有 widget 的列表。

代码清单4-2显示了serverless.yml文件的主要部分,其中配置了AWS provider,并定义 API 网关路由及其关联的 Lambda 函数事件处理程序。

代码清单 4-2　为 to-do service 配置 serverless.yml

```
provider:
  name: aws
  runtime: nodejs12.x
  stage: ${opt:stage, 'dev'}
  region: ${env:AWS_DEFAULT_REGION, 'eu-west-1'}        为 DynamoDB 定义
  environment:                                           环境变量
    TODO_TABLE: '${self:service}-${self:provider.stage}'
  iamRoleStatements:
  - Effect: Allow                                        用于访问 DynamoDB 的 Lambda
    Action:                                              函数的 IAM 访问角色
      - dynamodb:DescribeTable
      - dynamodb:Query
      - dynamodb:Scan
      - dynamodb:GetItem
      - dynamodb:PutItem
      - dynamodb:UpdateItem
      - dynamodb:DeleteItem
    Resource: "arn:aws:dynamodb:${self:custom.region}:${self:custom.account
    id}:*"

functions:
  create:                                  CRUD 路由和
    handler: handler.create                处理程序
    events:
      - http:
          method: POST
          path: todo
          cors: true
  ...

resources:
  - ${file(./dynamodb.yml)}                包含资源
```

虽然这个配置文件比我们前面的例子稍微长一些,但结构与第 2 章和第 3 章中的 ui-service 非常相似,在这个文件中,我们完成如下工作。

- 为处理函数配置 DynamoDB 的访问权限。
- 定义路由和处理函数。

我们在 provider 部分使用环境定义来为处理程序代码提供 DynamoDB 表名称:

```
environment:
  TODO_TABLE: '${self:service}-${self:provider.stage}'
```

这很重要,因为我们不想将表名硬编码到处理程序函数中,因为这会违反 DRY 原则。

提示　DRY 代表"不要重复自己"(don't repeat yourself)。在软件系统环境中，这
　　　意味着我们应该努力为系统中的每一条信息提供一个单一的定义或事实
　　　来源。

为了使无服务器定义更易于管理，我们选择将 DynamoDB 表定义放在一个单
独的文件中，并将其包含在主 serverless.yml 文件中。

```
resources:
  - ${file(./dynamodb.yml)}
```

这有助于使配置更加简洁且更具可读性。其他章节中也使用这种模式。包含文
件(参见代码清单 4-3)将为系统配置 DynamoDB 资源。

代码清单 4-3　无服务器 DynamoDB 配置

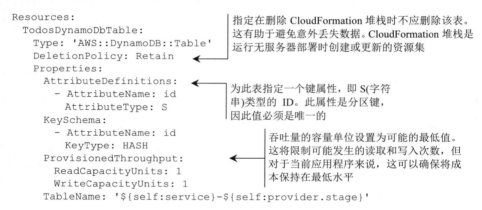

```
Resources:
  TodosDynamoDbTable:
    Type: 'AWS::DynamoDB::Table'
    DeletionPolicy: Retain
    Properties:
      AttributeDefinitions:
        - AttributeName: id
          AttributeType: S
      KeySchema:
        - AttributeName: id
          KeyType: HASH
      ProvisionedThroughput:
        ReadCapacityUnits: 1
        WriteCapacityUnits: 1
      TableName: '${self:service}-${self:provider.stage}'
```

指定在删除 CloudFormation 堆栈时不应删除该表。这有助于避免意外丢失数据。CloudFormation 堆栈是运行无服务器部署时创建或更新的资源集

为此表指定一个键属性，即 S(字符串)类型的 ID。此属性是分区键，因此值必须是唯一的

吞吐量的容量单位设置为可能的最低值。这将限制可能发生的读取和写入次数，但对于当前应用程序来说，这可以确保将成本保持在最低水平

这是一个非常简单的配置，用于在 DynamoDB 表中定义单个 id 键。

现在查看待办事项服务的处理程序代码，就会很清楚系统是如何使用
DynamoDB 存储数据的。该段代码位于 handler.js 文件中，如代码清单 4-4 所示。

代码清单 4-4　Require 及创建待办事项服务的处理程序

```
const uuid = require('uuid')
const AWS = require('aws-sdk')
const dynamoDb = new AWS.DynamoDB.DocumentClient()
const TABLE_NAME = {
  TableName: process.env.TODO_TABLE
}
function respond (err, body, cb) {
  ...
}

module.exports.create = (event, context, cb) => {
  const data = JSON.parse(event.body)
  removeEmpty(data)
```

Require AWS SDK

创建 DynamoDB 客户端

使用表名环境变量

响应样板

创建处理程序

```
data.id = uuid.v1()
data.modifiedTime = new Date().getTime()

const params = { ...TABLE_NAME, Item: data }
dynamoDb.put(params, (err, data) => {          ◀──── 在数据库中创建 to-do(待办)
  respond(err, {data: data}, cb)
})
}
```

完成第 2 章和第 3 章的学习后，你应该对处理程序的实现非常熟悉了。这里的模式是包含 AWS SDK，然后为访问的特定服务(本例的 DynamoDB)创建一个接口。之后，代码的其余部分使用此资源对服务执行操作，并将结果返回给服务的调用者。代码清单 4-4 展示了如何创建端点。这与我们的 POST /to-do 路由相对应。此代码的客户端将在 POST 请求中以 JSON 格式的数据包含待办事项信息。在本例中，使用的 JSON 的形式如代码清单 4-5 所示。

代码清单 4-5　to-do POST 的 JSON 内容示例

```
{
  dueDate: '2018/11/20',
  action: 'Shopping',
  stat: 'open',
  note: 'Do not forget cookies'
}
```

create 方法在将待办事项写入数据库之前添加 timestamp 和 id 字段。handler.js 中的其余方法实现了针对数据库的其他 CRUD 操作。

4.4.3　前端

我们第 1 步的前端应用程序也相当简单，如图 4-10 所示。

前端应用程序构建并存储在 S3 中。当浏览器加载 index.html 页面时，也会加载代码和其他内容，例如样式表和图像。在内部，前端应用程序是使用 JQuery 构建的。由于此应用程序将完成比第 2 章和第 3 章中的示例更多的工作，因此我们在代码中引入了一些其他结构，如图 4-10 所示，稍后讲述。

代码位于前端目录中，其结构如代码清单 4-6 所示。

代码清单 4-6　前端目录结构

```
├── assets
├── src
│   ├── index.html
│   ├── index.js
│   ├── templates.js
│   ├── todo-view.js
│   └── todo.js
```

```
├── webpack.config.js
├── package.json
└── serverless.yml
```

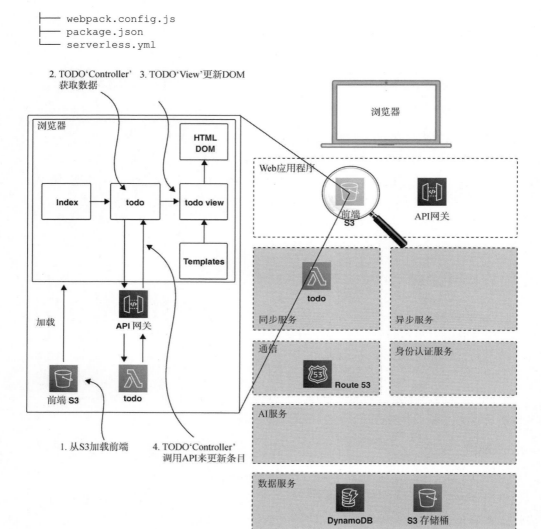

图 4-10　前端

　　应用程序的根页面为 src/index.html，如代码清单 4-7 所示。它提供了一些初始 DOM(文档对象模型)结构并加载到主应用程序代码中。

代码清单 4-7　index.html

```html
<html>
<head>
  <title>Chapter 4</title>
</head>
<body>
  <script src='main.js'></script>    ← 加载应用代码
```

```
  <nav class="navbar navbar-expand-lg navbar-light bg-light">
  .
  .                        ◄────┐ 导航条代码
  .                             │ 省略
  </nav>

  <div id="content">  ◄──── 主要应用程序内容区域
  </div>

  <div id="footer">
    <div id="error"></div>
  </div>

</body>
</html>
```

应用程序的主要代码位于 src 目录中。它由以下部分组成。

- index.js：应用入口点
- todo.js：待办"模型"和"控制器"代码
- todo-view.js：待办事项 DOM 操作
- templates.js：常见的渲染模板

代码清单 4-8 所示的 index.js 文件用来加载所需的资源。

代码清单 4-8　index.js

```
import $ from 'jquery'
import 'bootstrap/dist/css/bootstrap.min.css'    ◄────┐ 加载 jquery 和样式
import 'webpack-jquery-ui/css'
import {todo} from './todo'       ◄────┐ 加载 to-do 代码

$(function () {
  todo.activate()                 ◄────┐ 页面加载后激活待办事项
})
```

应用程序的主要工作是在 to-do 模块中执行的，如代码清单 4-9 所示。

代码清单 4-9　todo.js

```
import $ from 'jquery'
import {view} from './todo-view'   ◄────┐ 导入 to-do view

const todo = {activate}            ◄────┐ 导出激活函数
export {todo}

const API_ROOT = `https://chapter4api.${process.env.CHAPTER4_DOMAIN}/api/
    todo/`

function create (cb) {             ◄────┐ 创建待办事项
  $.ajax(API_ROOT, {
  ...
```

```
  })
}

function list (cb)                        列出所有待办事项
  $.get(API_ROOT, function (body) {
  ...
  })
}

function activate () {
  list(() => {                            加载时调用列表
    bindList()
    bindEdit()
  })
  $('#content').bind('DOMSubtreeModified', () => {
    bindList()
    bindEdit()
  })
}
```

为清楚起见，此处省略了代码清单 4-9 中的一些代码。大多数读者都熟悉 MVC 模式。待办事项模块可以被认为是前端应用程序中待办事项的模型(M)和控制器(C)，视图(V)功能在 todo-view.js 中完成。

使用环境变量为待办事项 API 构建 URL：

```
API_ROOT = `https://chapter4api.${process.env.CHAPTER4_DOMAIN}/api/todo/`
```

我们将在本节稍后部署前端时，设置 CHAPTER4_DOMAIN 变量。

为什么没有使用框架？

熟悉前端开发的读者可能想知道为什么不使用某种前端框架，例如 React、Vue 或 Angular。答案是，虽然我们知道有许多流行的框架可用，但它们需要时间来学习。本书目标是介绍 AI 即服务而不是前端框架，因此我们选择使用 JQuery 与 Webpack 相结合的简单方法。通过这种方式，可以减少额外的学习负担。

显示(View)功能在 todo-view.js 和 templates.js 中完成。我们将其作为练习留给读者来完成：查阅这些文件，不难发现它们本质上是在执行一些非常简单的 DOM 操作来呈现待办事项列表。

在 frontend 目录的根目录中，有 3 个控制文件：package.json、webpack.config.js 和 serverless.yml。这些文件支持安装和管理 JavaScript 依赖项、构建用于部署的前端版本，以及创建用于部署构建的 S3 存储桶。

前端的 serverless.yml 和 resources 目录下的非常相似，这里不再赘述。它只是定义了一个具有适当权限的 S3 存储桶，从而公开为我们的前端提供服务。

第 2 章和第 3 章介绍了 package.json 的结构，此处亦不赘述。注意，webpack

本身作为 package.json 中的开发依赖项进行管理。我们还在脚本块中定义了一个
构建任务，它运行 webpack 以构建用于部署的应用程序。

> **webpack**
>
> webpack 是一个用于现代 JavaScript 应用的静态模块绑定器。webpack 通过处
> 理 JavaScript、CSS 和其他源文件，来创建一个紧凑的可以包含在 Web 应用程序
> 中的输出 JavaScript 文件。webpack 的工作方式是构建依赖关系图，而不是对逐个
> 文件进行处理。这有几个好处：
> - 依赖图意味着只将需要的资源包含在输出中。
> - 结果输出效率更高，因为 Web 应用程序只用下载一个精简版的 JavaScript
>   文件。
> - 工作流更简洁高效，因为可以使用 npm 模块系统进行依赖管理。
> - webpack 还将管理其他静态资源，例如 CSS、图像等，并将它们作为依
>   赖关系图的一部分。
>
> 有关 webpack 的完整介绍可参阅：https://webpack.js.org/。

我们的 webpack 配置内容如代码清单 4-10 所示。

代码清单 4-10　webpack.config.js

```
const Dotenv = require('dotenv-webpack')
const path = require('path')

module.exports = {
  entry: {                                    定义依赖图入口点
    main: './src/index.js'
  },
  devtool: 'eval-source-map',                 启用用于调试的源映射
    devServer: {
     contentBase: './dist',
     port: 9080
  },
  output: {                                   定义输出映射
     filename: '[name].js',
    path: path.resolve(__dirname, 'dist'),
    publicPath: 'dist/'
  },
  mode: 'development',                         开发模式
    module:
     rules: [{                                CSS 和图像模块
    ...
    }]
  },                                          .env 文件插件
  plugins: [
   new Dotenv({
    path: path.resolve(__dirname, '..', '.env'),
    systemvars: false,
```

```
    silent: false
  })
 ]
}
```

我们的 webpack 配置会将 src/index.js 中的所有依赖项构建到 dist 文件夹中。这包括所有的源代码和相关模块，其中也包括 JQuery。然后，我们可以简单地将 dist 目录部署到 S3，从而拥有一个可运行的应用程序。

与 serverless-dotenv-plugin 类似，在这里使用 dotenv-webpack 插件。其允许在所有代码区域使用单个环境配置文件，有助于保持系统 DRY 特性。

4.4.4　部署"第 1 步"应用程序

了解待办事项系统后，接下来让我们将其部署到 AWS。如果你尚未设置账户，则需要根据附录 A 中介绍的内容先行设置。

设置环境变量

你可能还记得前端项目创建了一个 S3 存储桶来保存 Web 应用程序的代码，并且它使用了一个环境变量 CHAPTER4_BUCKET。你需要为存储桶确定一个全局唯一的名称。还要记住，我们通过环境变量 CHAPTER4_DOMAIN 为待办事项 API 使用自定义域。

按照附录 A 中的设置，你应该在 shell 中定义以下环境变量：

- AWS_ACCOUNT_ID
- AWS_DEFAULT_REGION
- AWS_ACCESS_KEY_ID
- AWS_SECRET_ACCESS_KEY

这些是全局变量，你应该将它们保存在系统上的统一位置。要部署待办事项应用程序，需要提供特定于系统的变量。为此，我们将使用.env 文件。使用任意文本编辑器，创建一个名为.env 的文件，并将其放置在 chapter4/step1-basic-todo 目录中。该文件应包含代码清单 4-11 显示的内容。

代码清单 4-11　"第 1 步"应用程序的环境变量

```
# environment definition for Chapter 4          ← 为所有示例指定区域
TARGET_REGION=eu-west-1                            eu-west-1
CHAPTER4_BUCKET=<your bucket name>              ← 指定全局唯一的存储桶名称
CHAPTER4_DATA_BUCKET=<your data bucket name>
CHAPTER4_DOMAIN=<your development domain>       ← CHAPTER4_DOMAIN 的值可参
                                                  照第 2 章和第 3 章的部署，并且
                                                  引用一个使用 AWS Route53 创
                                                  建的域
```

用你选择的名称替换 CHAPTER4_BUCKET、CHAPTER4_DATA_BUCKET 和 CHAPTER4_DOMAIN 对应的内容。请参阅第 2 章和第 3 章，了解关于设置域的完整说明。

部署资源

首先，部署资源项目。执行 cd 命令进入 resources 目录并运行如下命令：

```
$ npm install
$ serverless deploy
```

这将创建 S3 数据桶供以后使用。可以使用 AWS Web 控制台来确认存储桶是否创建成功。

部署 todo-service

接下来，部署待办事项服务。执行 cd 命令进入 todo-service 目录并运行安装依赖项：

```
$ npm install
```

在部署之前，需要为应用程序创建一个自定义域，具体配置如代码清单 4-12 中的 serverless.yml 所示。

代码清单 4-12　serverless.yml 中的自定义域配置

```
custom:
  region: ${env:AWS_DEFAULT_REGION, 'eu-west-1'}
  accountid: ${env:AWS_ACCOUNT_ID}          ← 这里定义了父域
  domain: ${env:CHAPTER4_DOMAIN}
  customDomain:
    domainName: 'chapter4api.${self:custom.domain}'  ← 子域由前缀
    stage: ${self:provider.stage}                       chapter4api
    basePath: api                                       和父域组成

    certificateName: '*.${self:custom.domain}'  ← 指定通配符
    createRoute53Record: true                      证书
    endpointType: regional
serverless-offline:
  port: 3000
```

本节的域名由我们对 CHAPTER4_DOMAIN 的设置和 chapter4api 的子域组成。也就是说，如果将 example.com 用于变量 CHAPTER4_DOMAIN，那么本章的完整自定义域将是 chapter4api.example.com。

继续创建这个域：

```
$ serverless create_domain
```

现在可以通过运行下面代码来部署待办事项 API：

```
$ serverless deploy
```

部署前端

最后，还需要部署前端。首先，要安装依赖项，执行 cd 命令进入 frontend 目录并运行：

```
$ npm install
```

接下来，运行下面命令为应用程序创建存储桶：

```
$ serverless deploy
```

通过 npm 脚本使用 Webpack 构建前端：

```
$ source ../.env
$ npm run build
```

这将在 dist 目录中创建一个 main.js 文件，以及一个包含一些额外图像的 assets 目录。我们将在 AWS 命令行中完成前端部署，就像我们在第 2 章和第 3 章中做的那样：

```
$ cd frontend
$ source ../.env
$ aws s3 sync dist/ s3://$CHAPTER4_BUCKET
```

上述代码将把 dist 目录的内容推送到刚刚创建的第 4 章存储桶(CHAPTER4_BUCKET)中。请注意，我们需要将环境文件的内容导入 shell，从而提供 CHAPTER4_BUCKET 环境变量。

测试

如果前面的所有步骤都顺利，则已经将一个功能齐全的系统部署到 AWS。要对这个系统进行测试，请在浏览器中打开如下 URL：

```
https://<CHAPTER4_BUCKET>.s3-eu-west-1.amazonaws.com/index.html
```

将上述代码中的<CHAPTER4_BUCKET>替换为你的存储桶名称即可。你应该已掌握通过浏览器的前端创建和更新待办事项的操作。

为什么要使用存储桶？

一些读者可能想知道为什么我们要直接从 S3 存储桶提供内容。为什么我们不使用诸如 CloudFront 之类的 CDN？答案是，对于这样的教学系统，无须使用 CloudFront 这样的服务即可完成。在完整的生产环境下，应该将 S3 存储桶作为 CDN 的源服务器。但是，在开发模式下，CDN 缓存和更新只会成为障碍。

现在已经创建好了一个待办事项系统。不过，还有一个小问题。该系统是可公开访问的，这意味着互联网上的任何人都可以阅读和修改这个待办事项列表。

对于我们的系统来说，这显然不是一个理想的情况，所以最好尽快解决它。值得庆幸的是，我们可以使用云原生服务来处理这些工作。在下一节中，我们将使用 Cognito 保护待办事项列表。

4.5　第 2 步：启用 Cognito 保护

用户管理看起来很容易，但其实并没有那么简单。许多程序员在"这不可能那么难"的幼稚假设下，熬夜修改自己的用户身份验证和管理系统。

幸运的是，用户登录和管理是一个现成的解决方案，所以我们再也不用写这种类型的代码了，使用云原生服务来完成这些工作即可。解决方案有多种，但对于我们的系统，使用 AWS Cognito 即可。Cognito 为我们提供完整的身份验证服务，包括：

- 密码复杂度策略
- 与网络和移动应用程序集成
- 多种登录策略
- 用户管理
- 密码复杂度规则
- 单点登录
- 通过 Facebook、Google、Amazon 等进行社交登录
- 针对最新已知安全漏洞的最佳安全实践和防御

对于一个小的开发工作来说，Cognito 的功能是够用了。所以，让我们将 Cognito 应用到待办事项系统并保护它免受他人的侵害吧！

图 4-11 展示的是添加了 Cognito 身份验证的系统架构。

我们已将 AWS Amplify 库添加到前端。Amplify 是一个 JavaScript 库，可提供对各种 AWS 服务的身份验证访问。现在，我们仅使用它的身份验证和访问控制功能。成功登录时提供的 token(令牌)被传递给 API 网关的 API 调用，而 API 网关又由 AWS Lambda 函数处理。

AWS Amplify

Amplify 最初是一个 JavaScript 库，提供对 AWS API 的客户端访问。该库支持桌面浏览器，以及 iOS 和 Android 设备。这个库最近增加了 Amplify CLI，其目的是提供一个类似于我们一直在使用的无服务器框架的工具链。在撰写本文时，Amplify 工具链还不如无服务器框架成熟，并且缺乏插件生态系统的支持。然而，这绝对值得我们去深入了解。

关于 Amplify 的完整介绍可参阅 https://aws-amplify.github.io/docs/js/start。

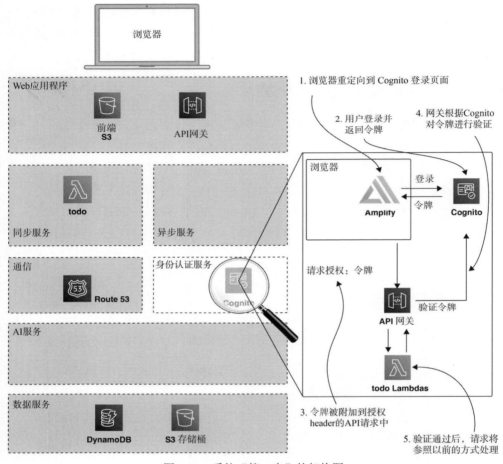

图 4-11 系统"第 2 步"的架构图

如图 4-11 所示，我们将登录的工作交给了 Cognito。一旦用户通过身份验证，他们就会被分配一个会话令牌，该令牌由 Amplify 库管理。然后，我们在 API 网关设置中添加一个身份验证步骤，要求用户在允许请求继续进行之前提供一个有效的 JSON Web Token(JWT)。系统将在这里拒绝所有无效 Web token 的请求。

JSON Web Token

JSON Web Token(JWT)是一个(RFC 7519)标准，它定义了一种方法，可以将声明作为 JSON 对象安全地传输。JWT 由 3 部分组成。

```
<header>.<payload>.<signature>
```

- header：标识令牌使用的哈希算法。
- payload：包含一组声明。一个典型的声明是用户 ID。

- signature：使用 header 中定义的算法，生成的关于 header、payload 和 secret 的单向散列。

通常，JWT 将在登录时由身份验证服务器发出，然后由客户端使用它来安全地访问资源。JWT 的生命周期通常很短，并在预定义的时间之后过期，这迫使客户端周期性地重新验证，从而生成一个新的令牌。

关于 JWT 的详细信息可以参考：https://en.wikipedia.org/wiki/JSON_Web_Token。

4.5.1　获取代码

本步骤的代码位于目录 chapter4/step-2-Cognito-login 中，包含第 1 步的代码以及 Cognito 的内容。我们将首先依次检查更新的内容，然后部署更改，从而保护系统。

4.5.2　用户服务

首先，查看新的服务目录 user-service。这个文件夹只包含用于 Cognito 的无服务器配置。其中有 3 个文件：

- identity-pool.yml
- user-pool.yml
- serverless.yml

我们的 serverless.yml 文件很短，此时你应该已熟悉文件中的大多数内容。它导入了另外两个文件，其中包含 Cognito 资源。如代码清单 4-13 所示，user-pool.yml 配置了 Cognito 用户池。用户池——名副其实，就是里面包含多个用户。

代码清单 4-13　Cognito user-pool 配置

```
Resources:
  CognitoUserPool:                              ← 用户池
    Type: AWS::Cognito::UserPool
    Properties:
      UserPoolName: ${self:service}${self:provider.stage}userpool
      UsernameAttributes:
        - email
      AutoVerifiedAttributes:
        - email
      EmailVerificationSubject: 'Your verification code'
      EmailVerificationMessage: 'Your verification code is {####}.'
      Schema:
        - Name: email
          AttributeDataType: String
          Mutable: true
          Required: true
      AdminCreateUserConfig:
        InviteMessageTemplate:
          EmailMessage: 'Your username is {username} and\
```

```
temporary password is {####}.'
        EmailSubject: 'Your temporary password'
      UnusedAccountValidityDays: 2
      AllowAdminCreateUserOnly: true
CognitoUserPoolClient:                    ◄─────────  客户端集成
  Type: AWS::Cognito::UserPoolClient
  Properties:
    ClientName: ${self:service}${self:provider.stage}userpoolclient
    GenerateSecret: false
    UserPoolId:
      Ref: CognitoUserPool
```

　　Cognito 提供了多种选择。我们将继续简洁风格，并仅针对电子邮件和密码登录进行配置。代码清单 4-13 中的代码创建了一个用户池和一个用户池客户端。用户池客户端提供了用户池和外部应用程序之间集成的桥梁。Cognito 支持单个用户池的多个用户池客户端。

　　要使用 Cognito 对 AWS 资源进行授权访问，还需要一个身份池。这是在 identity-pool.yml 中配置的，具体内容如代码清单 4-14 所示。

代码清单 4-14　Cognito 身份池配置

```
Resources:
  CognitoIdentityPool:                    ◄─────────  定义身份池
    Type: AWS::Cognito::IdentityPool
    Properties:
      IdentityPoolName: ${self:service}${self:provider.stage}identitypool
      AllowUnauthenticatedIdentities: false
      CognitoIdentityProviders:
        - ClientId:                       ◄─────────  连接到用户池
            Ref: CognitoUserPoolClient
          ProviderName:
            Fn::GetAtt: [ "CognitoUserPool", "ProviderName" ]

  CognitoIdentityPoolRoles:
    Type: AWS::Cognito::IdentityPoolRoleAttachment   ◄─────────  将策略附加到身份池
    Properties:
      IdentityPoolId:
        Ref: CognitoIdentityPool
      Roles:
        authenticated:
          Fn::GetAtt: [CognitoAuthRole, Arn]
```

　　在代码清单 4-14 中，我们将身份池连接到用户池以及角色 CognitoAuthRole。该角色也在 identity-pool.yml 中定义。这个角色的关键部分，包含在代码清单中 4-15 的策略语句中。

代码清单 4-15　Identity-pool 策略声明

```
Statement:
```

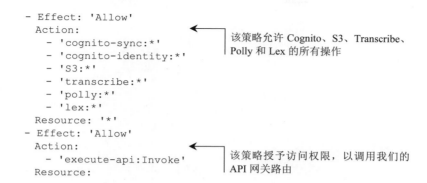

```
 - Effect: 'Allow'
   Action:
     - 'cognito-sync:*'              该策略允许 Cognito、S3、Transcribe、
     - 'cognito-identity:*'          Polly 和 Lex 的所有操作
     - 'S3:*'
     - 'transcribe:*'
     - 'polly:*'
     - 'lex:*'
   Resource: '*'
 - Effect: 'Allow'
   Action:
     - 'execute-api:Invoke'          该策略授予访问权限，以调用我们的
   Resource:                         API 网关路由
```

此策略将与所有经过身份验证的用户相关联，并表示具有此角色的用户可以完成如下操作：

- 访问 S3
- 调用 Transcribe 服务
- 调用 Polly 服务
- 使用 Lex 服务
- 执行 API 网关功能

这个角色不具备访问其他服务的权限。

休息一下

如果你对所有关于用户池和身份池的讨论表示困惑，我们认同。一开始可能会让人不知所措，所以让我们花一些时间来解释一下。要理解的关键概念是身份验证和授权之间的区别。

身份验证关心的是"谁"。换句话说，我能证明我就是我吗？通常这是通过证明我知道一条秘密信息——密码来完成的。用户池用来处理身份验证。

授权关心的是"什么"。鉴于我已经证明了我是谁，我可以访问哪些资源？通常这是通过某种类型的权限模型来实现的。例如，文件系统中，有实现基本权限模型的用户级和组级访问控制。刚刚创建的 AWS 策略就是登录用户的权限模型。通常，身份池用来处理授权。

身份池也称为联合身份。这是因为身份池可以有多个身份来源。如图 4-12 所示。

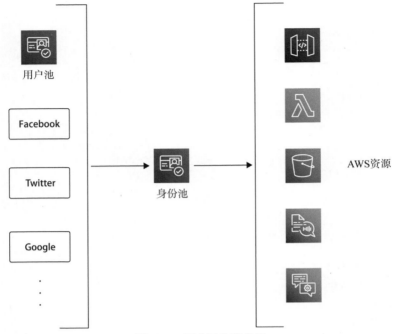

图 4-12　用户池和身份池

　　如图 4-12 所示，可以将用户池视为已验证身份的一个来源。其他来源包括 Facebook、Google、Twitter 等。身份池可以配置为使用多个身份来源。身份池允许我们为每个已验证的身份配置策略以授权访问 AWS 资源。

　　在此，我们将只使用 Cognito 用户池作为认证用户来源，且不会启用社交登录。

4.5.3　待办事项服务

　　现在有了经过身份验证的用户来源，还需要更新服务以确保已将其锁定，从而防止未经授权的访问。这实现起来非常简单，只需要对待办事项服务的 serverless.yml 进行小幅更新，如代码清单 4-16 所示。

代码清单 4-16　在 serverless.yml 中关于 to-do service 的更新

```
custom:
  poolArn: ${env:CHAPTER4_POOL_ARN}          ← 包括用户池 ARN

functions:
  create:
    handler: handler.create
    events:
      - http:
          method: POST
          path: todo
```

```
          cors: true
          authorizer:
            arn: '${self:custom.poolArn}'          声明 authorizer
  list:
    handler: handler.list
    events:
      - http:
          method: GET
          path: todo
          cors: true
          authorizer:
            arn: '${self:custom.poolArn}'          声明 authorizer
```

这里只是针对希望保护的每个端点声明一个 authorizer。还需要更新环境变量，以包含用户池标识符 CHAPTER4_POOL_ARN。

4.5.4　前端服务

前端的最后一组更改提供了登录、注销和令牌管理。我们已将 AWS Amplify 作为依赖项添加到前端的 package.json 中。Amplify 要求我们为其提供一些配置参数。这是在 index.js 中完成的，如代码清单 4-17 所示。

代码清单 4-17　在 index.js 中的 Amplify 配置

```
const oauth = {                                     配置 OAuth 流程
  domain: process.env.CHAPTER4_COGNITO_DOMAIN,
  scope: ['email'],
  redirectSignIn: `https://s3-${process.env.TARGET_REGION}.amazonaws.com/
    ${process.env.CHAPTER4_BUCKET}/index.html`,
    redirectSignOut: `https://s3-${process.env.TARGET_REGION}.amazonaws.com/
    ${process.env.CHAPTER4_BUCKET}/index.html`,
    responseType: 'token'
}

Amplify.configure({                                 配置 Amplify
Auth: {
    region: process.env.TARGET_REGION,
    userPoolId: process.env.CHAPTER4_POOL_ID,
    userPoolWebClientId: process.env.CHAPTER4_POOL_CLIENT_ID,
    identityPoolId: process.env.CHAPTER4_IDPOOL,
    mandatorySignIn: false,
    oauth: oauth
  }
})
```

我们的配置分为两个独立的部分。首先，通过提供域名和重定向 URL 来配置 OAuth。这些必须与 Cognito 配置相匹配，我们将在部署这些更改时立即进行设置。其次，使用池标识符配置 Amplify。我们将在部署期间获取这些 ID，并在下一节中相应地调整环境文件。

登录实现将由 auth.js 和 auth-view.js 完成。auth.js 的代码如代码清单 4-18 所示。

代码清单 4-18　auth.js

```
...
function bindLinks () {
  ...
  $('#login').on('click', e => {
    const config = Auth.configure()
    const { domain, redirectSignIn, responseType } = config.oauth
    const clientId = config.userPoolWebClientId
    const url = 'https://' + domain          ← 重定向到Cognito登录页面
      + '/login?redirect_uri='
      + redirectSignIn
      + '&response_type='
      + responseType
      + '&client_id='
      + clientId
    window.location.assign(url)
  })
}

function activate () {
  return new Promise((resolve, reject) => {
    Auth.currentAuthenticatedUser()      ← 检查是否已经登录
      .then(user => {
      view.renderLink(true)        ← 生成注销链接
      bindLinks()
      resolve(user)
    })
      .catch(() => {
      view.renderLink(false)       ← 否则生成登录链接
      bindLinks()
      resolve(null)
    })
  })
}
```

auth.js 将大部分工作交给 Amplify。在 activate 函数中，它检查用户是否已经登录，然后调用视图呈现登录或注销链接。它还提供了重定向到 Cognito 登录页面的登录处理程序。

最后，在前端，还需要更新对待办事项 API 的调用，从而包含授权令牌。否则，将被拒绝访问。具体更新，参见代码清单 4-19。

代码清单 4-19　更新 create 方法

```
function create (cb) {
  auth.session().then(session => {        ← 获取会话
    $.ajax(API_ROOT, {
      data: JSON.stringify(gather()),
      contentType: 'application/json',
```

```
      type: 'POST',
      headers: {
        Authorization: session.idToken.jwtToken
      },                                          ← 通过 Authorization
      success: function (body) {                    header 提供 JWT
      ...
      }
    })
  }).catch(err => view.renderError(err))
}
```

我们更新了 to-do.js 中的每个函数，从而包含 Authorization header，用于将从 Cognito 获得的 JWT 传递给 API。

4.5.5　部署系统的"第 2 步"

了解 Cognito 后，让我们继续部署更改并保护应用程序。

部署 Cognito 池

首先，执行 cd 命令进入 step-2-cognito-login/user-service 目录，并通过运行如下命令来部署池：

```
$ serverless deploy
```

这将创建一个用户池和身份池。我们需要通过 AWS 控制台提供一些额外的配置。打开浏览器，登录 AWS 控制台，然后来到 Cognito 部分。选择 Manage User Pools 选项，然后选择池 chapter4usersdevuserpool。我们需要为用户池提供一个域名。从应用集成部分选择 Domain Name 选项，并提供一个新的域名，如图 4-13 所示。

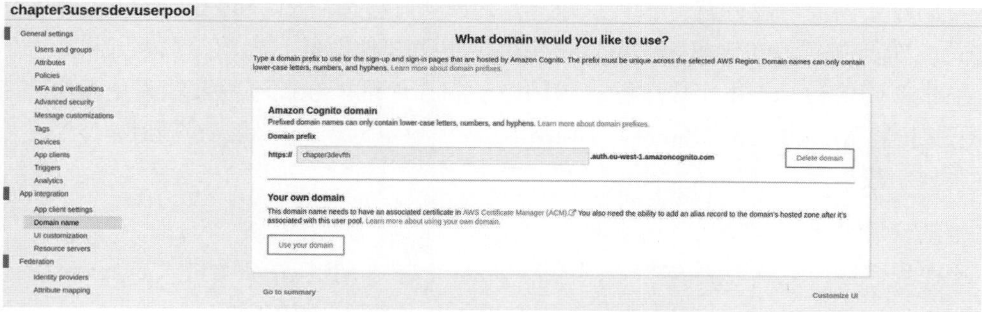

图 4-13　用户池和身份池

在此，用户池使用了域名 Chapter4devfth——你也可以使用其他的域名，只要是唯一可用的即可。

接下来配置 OAuth 流程。选择 App Client Settings 选项并进行如图 4-14 所示的设置。

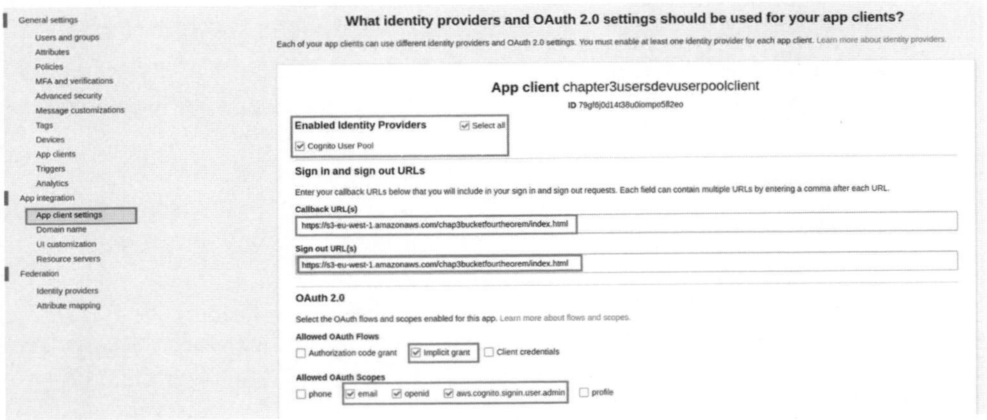

图 4-14　OAuth 流程配置

登录和注销回调 URL 时，应使用我们在"第 1 步"中创建的自定义域向前端存储桶提供 URL。具体形式如下：https://s3-eu-west-1.amazonaws.com/<YOUR BUCKET NAME>/index.html。

> **OAuth**
>
> OAuth 是一个被广泛使用的认证和授权的标准协议。关于 OAuth 2.0 协议的完整讨论可能需要一本书的篇幅进行介绍。我们建议对此感兴趣的读者参阅曼宁出版的 *OAuth 2 In Action*(https://www.manning.com/books/oauth-2- in-action)，贾斯汀·理查尔(Justin Richer)和安东尼奥·桑索(Antonio Sanso)编著。
>
> OAuth 2.0 协议的更多细节可以访问：https://oauth.net/2/。

我们需要为用户池创建一个登录账户。为此，请选择 Users and Groups，并单击 Create User 按钮。在这里，你可以使用你的电子邮件地址作为用户名，并设置一个临时密码。在 email 字段中输入你的电子邮件地址。在此不需要输入电话号码，因此可将 Mark Phone Number as Verified 选项设定为未选定状态。同时，保留所有其他字段的默认选项。

更新环境变量

现在我们已经配置了池，接下来需要更新.env 文件。通过 cd 命令进入 chapter4/step-2-cognito-login 目录，按照代码清单 4-20 所示，编辑.env 文件。

代码清单 4-20　更新.env 文件

```
# environment definition for Chapter 4
TARGET_REGION=eu-west-1
CHAPTER4_BUCKET=<your bucket name>
CHAPTER4_DATA_BUCKET=<Your data bucket name>
```

环境变量的第 1 个块存储在代码清单 4-11 中

```
CHAPTER4_DOMAIN=<your development domain>
CHAPTER4_COGNITO_BASE_DOMAIN=<your cognito domain>
CHAPTER4_COGNITO_DOMAIN=<your cognito domain>.auth.eu-west-
1.amazoncognito.com
CHAPTER4_POOL_ARN=<your user pool ARN>
CHAPTER4_POOL_ID=<your user pool ID>
CHAPTER4_POOL_CLIENT_ID=<your app integration client ID>
CHAPTER4_IDPOOL=<your identity pool ID>
```

新的环境变量引用我们创建的
AWS Cognito 资源

你可以在 AWS 管理控制台的 Cognito 部分找到这些 ID。user-pool ID 位于
user-pool 视图中，如图 4-15 所示。

图 4-15　用户池 ID 和 ARN

客户端 ID 位于 Cognito 用户池视图的 App client settings 部分，如图 4-16 所示。

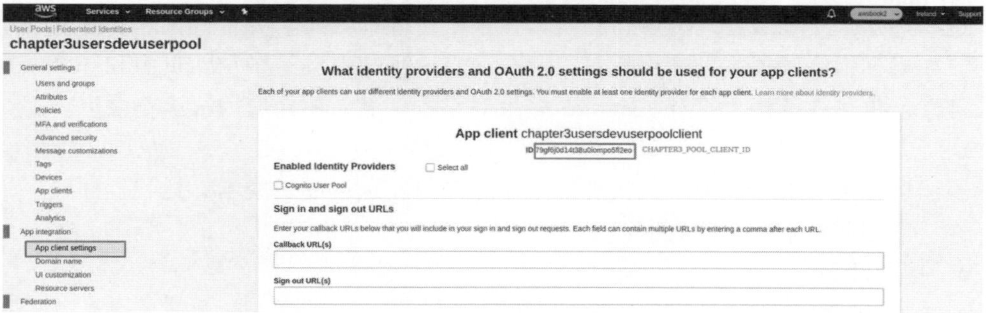

图 4-16　池客户端 ID

身份池 ID 位于 Federated Identities 视图中。只需选择已创建的身份池，然后
选择右上角的 Edit identity pool 即可进入编辑视图，如图 4-17 所示。在这里，你
可以查看和复制身份池 ID。

图 4-17　身份池 ID

请注意，你可能会看到一条警告，指出尚未指定未经身份验证的角色。你可
以直接忽略这个警告，因为我们的应用程序要求必须对所有用户进行身份验证。

在 AWS 控制台中找到所需的值后，使用相关值填充 .env 文件。

更新待办事项 API

现在已经更新了环境信息,可以将更改部署到待办事项服务中。执行 cd 命令进入 step-2-cognito-login/todo-service 目录并运行下方命令:

```
$ npm install
$ serverless deploy
```

这将推送新版本的 API,其中包括 Cognito authorizer。

更新前端

现在的 API 是安全的,还需要更新前端以允许访问。为此,执行 cd 命令进入 step-2-cognito-login/frontend 目录并运行如下命令:

```
$ source ../.env
$ npm install
$ npm run build
$ aws s3 sync dist/ s3://$CHAPTER4_BUCKET
```

这将构建一个新版应用程序,该版本包括身份验证代码,并将其部署到存储桶中。如果你将浏览器指向应用程序,就会在页面顶部看到一个空白页面和一个登录链接。单击此链接可打开 Cognito 登录对话框。登录后,应用程序仍像以前一样运行。

虽然设置 Cognito 需要一些额外的工作,但收益远远超过成本。让我们回顾一下你从这项服务中获得的收益:

- 用户注册
- 安全的 JWT 登录
- 集成到 AWS IAM 安全模型中
- 重设密码
- 企业和社交的联合身份(例如 Facebook、Google、Twitter 等)
- 密码策略控制

那些之前不得不处理这些问题的人将会意识到实现这些功能可能带来的巨大开销,即使使用第三方库也是如此。使用 Cognito 的关键原因是可以将维护用户账户安全的大部分工作转移到此服务上。当然,我们还是要注意应用的安全性。但是,令人欣慰的是,我们正在积极改进和更新 Cognito 服务。

启动和运行安全无服务器应用程序涵盖了很多方面。需要注意的是,通过 Cognito 服务,我们能够以安全的方式快速部署应用程序。在下一章中,我们将在待办事项列表中添加一些 AI 服务。

4.6　本章小结

- 一个端到端的无服务器平台，从客户端到数据库，可以在代码中定义并使用无服务器框架进行部署。
- DynamoDB 表可以作为 serverless.yml 文件中 resources 的一部分进行创建。
- 在 Lambda 函数中，AWS SDK 用于将数据从事件传递到数据库的读取和写入调用。
- 身份验证和授权由 AWS Cognito 来配置。需要配置用户池、身份池和自定义域以及保护特定资源的策略。
- AWS Amplify 与 Cognito 用于创建带 Cognito 的登录界面。Amplify 是来自 AWS 的易于使用的客户端 SDK(开发工具包)，它与 Cognito 集成可以实现强大的安全功能。
- 可以创建 API Gateway CRUD 路由来触发 Lambda 函数。API Gateway 路由通过 serverless.yml 中定义的事件创建，并与关联的 Lambda 函数或处理程序链接。

警告　第 5 章将继续构建此系统，我们在第 5 章末尾提供了有关如何删除已部署资源的说明。如果你目前还不打算学习第 5 章，请确保完全删除所有已部署的云资源以免产生额外的费用。

第 **5** 章

为Web应用添加人工智能接口

本章主要内容:
- 使用 Transcribe 实现语音转文字
- 使用 Polly 实现语音播放日程表
- 使用 Lex 添加聊天机器人接口

本章将在第 4 章的待办事项列表应用程序的基础上,为系统添加现成的 AI 功能。我们将添加自然语言的语音接口来记录和转录文字,并让系统从待办事项列表中读出每天的日程安排。最后,我们将为系统添加一个会话接口,以实现通过自然语言接口进行的交互。正如我们将看到的,通过云端人工智能服务可以完成许多非常复杂的工作,这可以大大加快项目的建设速度。

如果你还没有阅读第 4 章,请在继续读本章之前,先行完成第 4 章的阅读,因为我们将直接在上一章末尾部署的待办事项列表应用程序之上构建本章的内容。如果你对第 4 章的内容非常熟悉,可以直接进入并添加便笺服务(note service)。现在我们将完成系统构建的"第 3 步"。

5.1 第 3 步: 添加语音转文字功能

现在,我们已经部署了一个基本的无服务器应用程序,并已经确保了它的安全,是时候添加一些 AI 特性了。在本节中,我们将添加一个语音转文字的接口,从而允许我们向系统口述一条记事记录,而不用键盘输入。我们将使用 AWS Transcribe 来实现这一功能。正如我们将看到的,对于这样一个高级功能来说,添加语音转文字实现起来非常简单。

图 5-1 展示了该特性的实现过程。

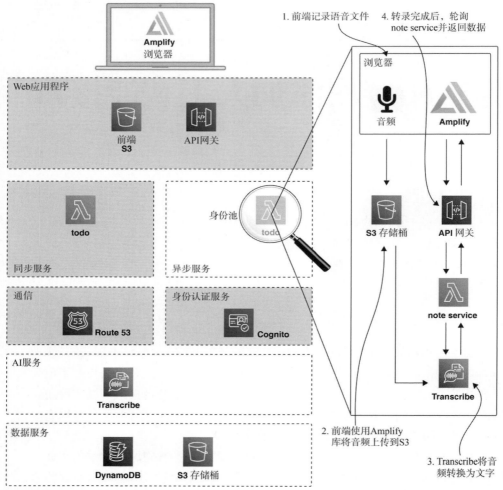

图 5-1　系统"第 3 步"的架构。AWS Transcribe 服务是从 note service 调用的。前端应用程序
使用 Amplify 将 Transcribe 处理的文件上传到 S3

系统将使用浏览器捕获语音,并使用 Amplify 库将其保存到 S3 存储桶。音频文件上传后,note service 将被调用。这将启动 Transcribe 作业,从而将音频转换为文字。客户端将定期轮询 note service 以确定转换何时完成。最后,前端将使用转换后的文字填充 note 字段。

5.1.1　获取代码

本步骤的代码位于目录 chapter5/step-3-note-service 中。该目录包含"第 2 步"

中的所有代码，以及添加的音频转录功能。和以前一样，首先将对这些更改进行
讲解，然后再部署它们。

5.1.2　便笺服务

note service 沿用前面的标准模式：代码位于 note service 目录中，并包含一个
serverless.yml 配置文件以及实现。其中大部分是样板文件：主要区别在于我们将
服务配置为可以访问 S3 数据存储桶，还可以访问 Transcribe 服务。这是在
iamRoleStatements 部分设置的，如代码清单 5-1 所示。

代码清单 5-1　note service 的角色声明

```
provider:
  ...
  iamRoleStatements:
    - Effect: Allow                    ←——— 音频文件的数据桶
      Action:
        - s3:PutObject
        - s3:GetObject
      Resource: "arn:aws:s3:::${self:custom.dataBucket}/*"
    - Effect: Allow
      Action:                          ←——— 允许此服务访问 transcribe
        - transcribe:*
      Resource: "*"
```

note service 定义了两条路由：POST/note 和 GET/note/{id} 分别用于创建和获
取便签记录。与待办事项 CRUD 路由一样，我们使用 Cognito 池来锁定对 note API
的访问，并且使用相同的自定义域结构，不同的 noteapi 基本路径。我们的处理程
序代码使用 AWS SDK 创建转录作业，如代码清单 5-2 所示。

代码清单 5-2　note service 处理程序

```
const AWS = require('aws-sdk')
var trans = new AWS.TranscribeService()    ←——— 创建 transcription 服务对象
module.exports.transcribe = (event, context, cb) => {
  const body = JSON.parse(event.body)
  const params = {
    LanguageCode: body.noteLang,
    Media: { MediaFileUri: body.noteUri },
    MediaFormat: body.noteFormat,
    TranscriptionJobName: body.noteName,
    MediaSampleRateHertz: body.noteSampleRate,
    Settings: {
      ChannelIdentification: false,
      MaxSpeakerLabels: 4,
      ShowSpeakerLabels: true
    }
  }
```

```
trans.startTranscriptionJob(params, (err, data) => {    ◄──── 启动异步转
  respond(err, data, cb)                                        录任务
})
}
```

正如你从代码清单中看到的，这段代码相当简单，因为它只调用一个 API 来启动任务，并传入一个指向音频文件的链接。该代码使用一个转录任务 ID 来响应客户端，该 ID 用于轮询函数。详细查看代码，并观察 poll 的实现，不难发现它使用 getTranscriptionJob API 检查正在运行的作业状态。

5.1.3　前端更新

为了提供转录功能，我们对前端进行了一些更新。首先，向 index.js 中的 Amplify 库添加一些配置，如代码清单 5-3 所示。

代码清单 5-3　更新 Amplify 配置

```
Amplify.configure({
  Auth: {
    region: process.env.TARGET_REGION,
    userPoolId: process.env.CHAPTER4_POOL_ID,
    userPoolWebClientId: process.env.CHAPTER4_POOL_CLIENT_ID,
    identityPoolId: process.env.CHAPTER4_IDPOOL,
    mandatorySignIn: false,
    oauth: oauth                              配置 Amplify 存储
  },                                          接口使用的 S3 桶
  Storage: {                        ◄────────┘
    bucket: process.env.CHAPTER4_DATA_BUCKET,
    region: process.env.TARGET_REGION,
    identityPoolId: process.env.CHAPTER4_IDPOOL,
    level: 'public'
  }
})
```

这个配置告诉 Amplify 使用我们在"第 1 步"中设置的数据存储桶。因为已经用 Cognito 设置对 Amplify 进行了配置，所以可以在登录后从客户端访问这个存储桶。

我们在 frontend/src/audio 目录中添加了一些音频处理代码。它使用浏览器的 Media Stream Recording API 将音频记录到缓冲区中。在本书中，我们将把这段代码视为一个黑盒。

注意　更多关于 Media Stream Recording API 的信息可以参阅：http://mng.bz/X0AE。

主要的 note 处理代码位于 note.js 和 note-view.js 中。视图代码向 UI 添加了两个按钮：一个用于开始录制，一个用于停止录制。它们分别对应 note.js 中的

startRecord 和 stopRecord 函数。stopRecord 函数如代码清单 5-4 所示。

代码清单 5-4　stopRecord 函数

```
import {Storage} from 'aws-amplify'
...
function stopRecord () {
  const noteId = uuid()

  view.renderNote('Thinking')
  ac.stopRecording()
  ac.exportWAV((blob, recordedSampleRate) => {        ◀── 将记录缓冲区导出为
    Storage.put(noteId + '.wav', blob)                      WAV 格式
      .then(result => {
        submitNote(noteId, recordedSampleRate)     ◀── 使用 Amplify 将 WAV
      })                                                    文件保存到 S3
      .catch(err => {
        console.log(err)                           ◀── 提交 WAV 文件
      })                                                进行处理
    ac.close()
  })
}
```

stopRecord 使用来自 Amplify 的 Storage 对象将 WAV (Wave Audio 文件格式)
文件直接写入 S3 存储桶。然后调用 submitNote 函数——该函数调用 note service
API /noteapi/note 执行转录工作。代码清单 5-5 显示了 submitNote 函数代码。

代码清单 5-5　submitNote 函数

```
const API_ROOT = `https://chapter4api.${process.env.CHAPTER4_DOMAIN}
/noteapi/note/`
...
function submitNote (noteId, recordedSampleRate) {
  const body = {
    noteLang: 'en-US',
    noteUri: DATA_BUCKET_ROOT + noteId + '.wav',
    noteFormat: 'wav',
    noteName: noteId,
    noteSampleRate: recordedSampleRate
  }

  auth.session().then(session => {              ◀── 调用 note service
    $.ajax(API_ROOT, {
      data: JSON.stringify(body),
      contentType: 'application/json',
      type: 'POST',
      headers: {
        Authorization: session.idToken.jwtToken
      },
      success: function (body) {
        if (body.stat === 'ok') {              ◀── 进入轮询
          pollNote(noteId)
        } else {
```

```
        $('#error').html(body.err)
      }
    }
  })
}).catch(err => view.renderError(err))
}
```

我们的 poll 函数调用后端的 note service 来检查转录作业的进度。轮询函数代码如代码清单 5-6 所示。

代码清单 5-6　note.js pollNote 函数

```
function pollNote (noteId) {
  let count = 0
  itv = setInterval(() => {            ◄── 使用 Cognito 获取通过
    auth.session().then(session => {        认证的会话
      $.ajax(API_ROOT + noteId, {    ◄── 调用 API 检查 note 状态
        type: 'GET',
        headers: {
          Authorization: session.idToken.jwtToken
        },
        success: function (body) {
          if (body.transcribeStatus === 'COMPLETED') {
            clearInterval(itv)
            view.renderNote(body.results.transcripts[0].transcript) ◄──┐
          } else if (body.transcribeStatus === 'FAILED') {              │
            clearInterval(itv)                                          │
            view.renderNote('FAILED')                            转录已经完成
          } else {                                               展示转录内容
            count++
            ...
          }
        }
      })
    }).catch(err => view.renderError(err))
  }, 3000)
}
```

任务完成后，生成的文字将呈现在页面上的 note 输入字段中。

轮询

轮询通常是处理事件的一种效率低下的方式，而且不能很好地进行扩展。我们在这里使用轮询确实暴露了 AWS Lambda 的一个缺点，即函数通常被期望在短时间内执行。这使得它们不适合可能需要长期连接的应用程序。当作业完成时，接收更新内容的更好方法是建立一个 Web 套接字连接(web socket connection)，然后将更新内容推送到浏览器。这样做效率更高，而且可以很好地扩展。

这里可以使用几个更好的方法来代替轮询，例如：

● 使用 AWS API 网关与 WebSockets - http://mng.bz/yr2e
● 使用第三方服务，如 Fanout - https://fanout.io/

当然，使用的最佳方法取决于具体的系统。对这些方法的描述超出了本书的范围，这就是为什么我们在 note service 中使用了一种简单的基于轮询的方法。

5.1.4　部署"第 3 步"

现在部署便笺(note)功能。首先，需要设置环境。要做到这一点，只需要将你的.env 文件从 step 2-cognito-login 复制到 step 3-noteservice。

接下来，将部署新的 note service。通过 cd 命令进入 note service 目录，然后运行下面命令：

```
$ npm install
$ serverless deploy
```

这将在 API 网关中创建 note service 端点并安装两个 Lambda 函数。接下来，将更新部署到前端。通过 cd 命令进入 step-3-noteservice/frontend 目录并运行如下命令：

```
$ source ../.env
$ npm install
$ npm run build
$ aws s3 sync dist/ s3://$CHAPTER4_BUCKET
```

5.1.5　测试"第 3 步"

让我们试试新的语音转文字功能。在浏览器中打开待办事项应用程序并像以前一样进行登录。单击按钮创建一个新的待办事项，然后在 Action 当中输入内容，并选择一个日期。你会看到两个附加按钮，如图 5-2 所示：Record 按钮和 Stop 按钮。

图 5-2　录制便笺

按下 Record 按钮，并开始讲话，单击 Stop 按钮将停止录音。几秒钟后，可看到刚刚口述的内容作为文字呈现在 note 字段中。现在，可以将语音转录的内容作为代办事项保存起来。

将音频转换为文字的时间是不确定的，这取决于当前正在进行的全局转录工作的数量。在最坏的情况下，完成转录可能需要 20～30 秒。虽然关于待办事项的说明是展示 AWS 转录的一种方式，但请记住，我们使用的 API 是为批处理而优化的，可以用多个麦克风作为音源转录大型音频文件——例如，董事会会议或面试。我们将在本章后面的"第 5 步"中介绍一个更快的会话接口。目前，AWS 转录服务最近的一次更新版本已能支持实时处理和批处理模式。

5.2　"第 4 步"：添加文字转语音服务

我们要添加到待办事项列表的下一个人工智能功能是与 note service 相反的功能。schedule service 将在待办事项列表中建立一个每日日程安排，然后将其读给我们听。我们将使用 AWS Polly 来实现这一点。Polly 是 AWS 的语音转文字服务。可以通过使用 API，以类似于 note service 的方式将其插入到系统中。图 5-3 展示了 schedule service 的体系结构。

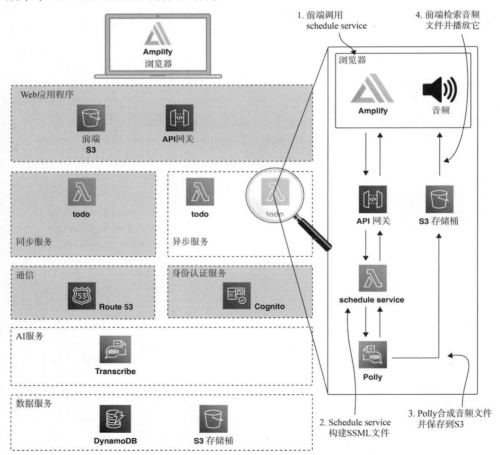

图 5-3　播放日程安排

当我们系统的用户请求日程安排时,schedule service 会以文字形式创建日程安排,然后将其提交给 Amazon Polly。Polly 翻译文字并将其转换为音频写入 S3 数据桶中,写入动作完成后,即可将音频播放给用户。对于高级特性来说,完成以上这些工作非常简单。

5.2.1 获取代码

第 4 步的代码位于 chapter5/step-4-schedule-service 目录中。这个目录包含"第 3 步"中的所有代码以及 schedule service。与前面一样,我们将依次介绍代码的更新,然后部署这些更新。

5.2.2 日程服务

我们的 schedule service(日程服务)类似于 note service,它也使用与以前相同的域管理器结构提供两个 API 端点。

- /schedule/day:为"今天"创建一个日程表,并向 Polly 提交一个文字到语音的作业。
- /schedule/poll:检查作业的状态,并在完成后返回对音频文件的引用。

同样,这种结构体现在 serverless.yml 配置中。这两个端点(day 和 poll)的实现保存在 handler.js 中。首先,让我们看看 day 处理程序使用的 buildSchedule 函数,如代码清单 5-7 所示。

代码清单 5-7 schedule service 的 day 处理程序中的 buildSchedule 函数

```
const dynamoDb = new AWS.DynamoDB.DocumentClient()        创建 SDK Polly 对象
const polly = new AWS.Polly()
const s3 = new AWS.S3()
const TABLE_NAME = { TableName: process.env.TODO_TABLE }   从环境中获取
...                                                        待办事项表
function buildSchedule (date, speakDate, cb) {             定义构建 SSML
  let speech = '<s>Your schedule for ' + speakDate + '</s>'  schedule 的函数
  let added = false
  const params = TABLE_NAME

dynamoDb.scan(params, (err, data) => {                    从 DynamoDB 读取 schedule 条
  data.Items.forEach((item) => {                          目并为到期的条目创建 SSML
    if (item.dueDate === date) {
      added = true
      speech += '<s>' + item.action + '</s>'
      speech += '<s>' + item.note + '</s>'
    }
  })
  if (!added) {
    speech += '<s>You have no scheduled actions</s>'
  }
  const ssml = `<speak><p>${speech}</p></speak>`
```

```
    cb(err, {ssml: ssml})
  })
}
```

上述代码展示了 buildSchedule 函数如何读取给定日期的待办事项并创建 SSML。之后，函数将交给 schedule service 的 day 处理程序使用。这个处理程序的代码详见代码清单 5-8。

代码清单 5-8　schedule service 的 day 处理函数

```
module.exports.day = (event, context, cb) => {
  let date = moment().format('MM/DD/YYYY')
  let speakDate = moment().format('dddd, MMMM Do YYYY')
  buildSchedule(date, speakDate, (err, schedule) => {
    if (err) { return respond(err, null, cb) }
  const params = {                           ◄──── 为 Polly 配置语音和
    OutputFormat: 'mp3',                           输出存储桶参数
    SampleRate: '8000',
    Text: schedule.ssml,
    LanguageCode: 'en-GB',
    TextType: 'ssml',
    VoiceId: 'Joanna',
    OutputS3BucketName: process.env.CHAPTER4_DATA_BUCKET,
    OutputS3KeyPrefix: 'schedule'
  }

    polly.startSpeechSynthesisTask(params, (err, data) => {   ◄──── 启动 Polly 语
      ...                                                          音合成任务
      respond(err, result, cb)
    })
  })
}
```

buildSchedule 函数创建了一个 SSML 块以传递给 Polly，Polly 会将其转换为输出 mp3 文件。day 函数设置了一个用来指定输出格式的参数块和一个用于存放 Polly 输出的 S3 存储桶。代码清单 5-9 中的代码展示的是整个轮询处理程序。

代码清单 5-9　schedule service 的 poll 处理程序

```
module.exports.poll = (event, context, cb) => {
  polly.getSpeechSynthesisTask({TaskId: event.pathParameters.id},
    (err, data) => {
    // Create result object from data
    ...
    respond(err, result, cb)
  })
}
```

轮询处理程序代码展示了 Lambda 函数调用 Polly 服务来检索语音合成任务的

过程。这将在 API 响应中提供。

> **SSML**
>
> 语音合成标记语言(Speech Synthesis Markup Language，SSML)是一种用于文字到语音任务的 XML 语言。Polly 可以处理纯文字，而 SSML 可用于为语音合成任务提供额外的上下文。例如，以下 SSML 使用耳语效果：
>
> ```
> <speak>
> I want to tell you a secret.
> <amazon:effect name="whispered">I am not a real human.</amazon:effect>.
> Can you believe it?
> </speak>
> ```
>
> 可以在 http://mng.bz/MoW8 找到有关 SSML 的更多详细信息。

语音转文字任务启动后，便可使用轮询处理程序检查状态。这将调用 polly.getSpeechSynthesisTask 确定任务的状态。任务完成后，可使用 s3.getSignedUrl 生成一个临时 URL 以访问生成的 mp3 文件。

5.2.3　前端更新

为了访问 scheduled service，可在应用程序导航栏中放置了一个"schedule"按钮，如图 5-4 所示。

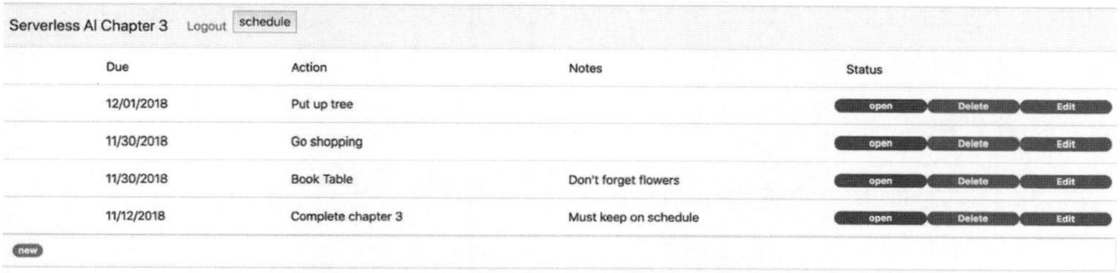

图 5-4　更新后的 UI

它与文件 frontend/src/schedule.js 中的前端处理程序相连，如代码清单 5-10 所示。

代码清单 5-10　schedule.js

```
import $ from 'jquery'
import {view} from './schedule-view'
...
const API_ROOT = `https://chapter4api.${process.env.CHAPTER4_DOMAIN}
/schedule/day/`
let itv
let auth

                                          播放 schedule 文件
function playSchedule (url) {  ←──────┐
```

```
    let audio = document.createElement('audio')
    audio.src = url
    audio.play()

}

function pollSchedule (taskId) {                    ←──────┐
  itv = setInterval(() => {                                │  轮询 schedule 状态
    ...                                              ←──────┘
    $.ajax(API_ROOT + taskId, {
      ...
      playSchedule(body.signedUrl)                  ←──────┐
      ...                                                   │  将已签名的 URL 传递给播放器
  },3000)
}

function buildSchedule (date) {
  const body = { date: date }

  auth.session().then(session => {
    $.ajax(API_ROOT, {                              ←──────┐
      ...                                                   │  启动 schedule 任务
      pollSchedule(body.taskId)
      ...
    })
  })).catch(err => view.renderError(err))
}
```

使用来自 S3 的临时签名 URL 可允许前端代码使用标准音频元素播放 schedule，
而不会影响数据存储桶的安全性。

5.2.4　部署"第 4 步"

这一步的部署你现在应该很熟悉了。首先，要从上一步复制环境信息。将文
件 step-3-note-service/.env 复制到 step-4-schedule-service 中。

接下来，通过执行以下命令部署 schedule service：

```
$ cd step-4-schedule-service/schedule-service
$ npm install
$ serverless deploy
```

最后，像以前一样部署前端更新：

```
$ cd step-4-schedule-service/frontend
$ source ../.env
$ npm install
$ npm run build
$ aws s3 sync dist/ s3://$CHAPTER4_BUCKET
```

5.2.5　测试"第 4 步"

现在让待办事项清单读出当天的日程安排。在浏览器中打开应用程序，登录，

然后为今天的日期创建一些待办事项。输入一两个项目后，单击 schedule 按钮。
这将触发 schedule service 来构建 schedule 并将其发送给 Polly。几秒钟后，应用程
序会读出 schedule。

我们现在有一个可以与其进行语音交互的待办事项系统。该待办事项存储在
数据库中，系统通过用户名和密码对其进行保护。所有这一切都不需要启动服务
器或了解文字/语音转换的细节。

在对待办事项系统的最终更新中，我们将通过构建聊天机器人为系统添加一
个更具对话性的界面。

5.3 "第 5 步"：添加聊天机器人对话界面

在待办事项应用程序的最后更新中，我们将添加一个聊天机器人。聊天机器
人将允许我们通过基于文字的界面或语音与系统进行交互。我们将使用 Amazon
Lex 来制作这个聊天机器人。Lex 使用了与 Amazon Alexa 相同的人工智能技术。
这意味着我们可以使用 Lex 为系统创建更友好的人机界面。例如，可以要求应用
程序为"明天"或"下周三"安排一个待办事项。虽然这是人类表达日期的一种
自然方式，但对于计算机来说，理解这些模棱两可的命令实际上是非常复杂的。
当然，通过 Lex，我们就能轻松实现这些。图 5-5 说明了如何将聊天机器人集成
到我们的系统中。

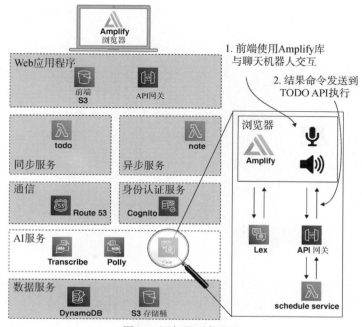

图 5-5　添加聊天机器人

　　用户可以通过聊天窗口或通过语音来提供命令。这些命令被发送到由 Lex 托管的聊天机器人，并返回响应。在对话结束时，机器人将收集创建或更新待办事项所需的所有信息。然后前端会像以前一样获取这些信息，并将其发布到 to-do API。

　　在这一点需要注意的是，我们不必更改底层的 to-do API 来为其添加对话界面。这可以在对现有代码的修改最小的情况下进行分层操作。

5.3.1　获取代码

　　第 5 步的代码位于目录 chapter5/step-5-chat-bot 中。该目录包含"第 4 步"中的所有代码以及与我们的聊天机器人交互的代码。

5.3.2　创建聊天机器人

　　我们已经创建了一个命令行脚本，用来创建待办事项机器人。这段代码位于目录 chapter5/step-5-chat-bot/bot 中。文件 create.sh 使用 AWS 命令行来设置机器人，文件内容如代码清单 5-11 所示。

代码清单 5-11　聊天机器人创建脚本

```
#!/bin/bash
ROLE_EXISTS=`aws iam get-role \
--role-name AWSServiceRoleForLexBots \
| jq '.Role.RoleName == "AWSServiceRoleForLexBots"'`          如果需要,创建
                                                              服务角色
if [ ! $ROLE_EXISTS ]
then
   aws iam create-service-linked-role --aws-service-name lex.amazonaws.com
fi
                                          定义 CreateTodo 意图
aws lex-models put-intent \
--name=CreateTodo \
--cli-input-json=file://create-todo-intent.json

aws lex-models put-intent \                      定义 MarkDone 意图
--name=MarkDone \
--cli-input-json=file://mark-done-intent.json

aws lex-models create-intent-version --name=CreateTodo
aws lex-models create-intent-version --name=MarkDone

aws lex-models put-bot --name=todo \             定义机器人
--locale=en-US --no-child-directed \
--cli-input-json=file://todo-bot.json
```

注意　create.sh 脚本使用 jq 命令，这是一个用于处理 JSON 数据的命令行实用程序。如果你的开发环境中还没安装该程序，请使用系统的包管理器安装它。

这个脚本使用某些 JSON 文件定义聊天机器人的特征。接下来请运行 create.sh 脚本。创建机器人需要几秒钟的时间，可以通过运行下方命令来检查创建进度：

```
$ aws lex-models get-bot --name=todo --version-or-alias="\$LATEST"
```

一旦上面命令的输出包含"status": "READY"，我们的机器人就可以运行了。在 Web 浏览器中打开 AWS 控制台并从服务列表中选择 Lex。单击 todo bot 的链接。

注意　首次创建机器人表单时，可能会看到一条错误消息：找不到名为 AWSServiceRoleForLexBots 的角色。这是因为 Lex 将在账户第一次创建机器人时创建此服务角色。

你的控制台应该如图 5-6 所示。一开始可能看起来有点复杂，但是一旦我们理解了 3 个关键概念：意图(intent)、话语(utterance)和槽(slot)，配置就非常简单了。

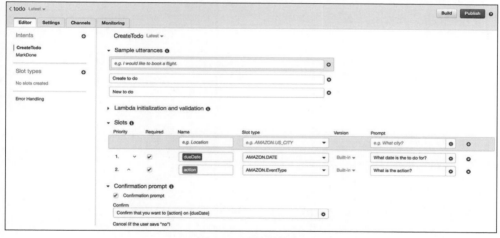

图 5-6　更新后的 UI

意图(intent)

意图是我们想要实现的目标。例如，"订购比萨"或"预约"。将意图视为机器人的整体任务，它需要收集额外的数据才能完成。机器人可以有多个意图，但通常这些意图与某个中心概念有关。例如，比萨订购机器人可能具有"订购比萨""检查送货时间""取消订单""更新订单"等意图。

对于我们的 todo 机器人，我们有两个意图：CreateTodo 和 MarkDone。

话语(utterance)

话语是用来识别意图的短语。对于我们的 CreateTodo 意图，我们定义了话语 Create to-do 和 New to-do。重要的是要明白，一个话语不是一组必须准确提供的关键字。Lex 使用了几种人工智能技术来匹配话语和意图。例如，我们的创建意图(create intent)可以通过以下任意一种方式来识别。

- 初始化待办事项
- 获取一个待办事项
- 请帮我创建一个新的待办事项
- 为我创建一个待办事项

话语为 Lex 提供了示例语言，而不是需要精确匹配的关键字。

槽(slot)

可以将槽视为 Lex 会话的输出变量。Lex 会利用对话来获取槽信息。我们对 CreateTodo 意图定义了两个槽：dueDate 和 action。并已经为这些槽使用了内建的槽类型 AMAZON.DATE 和 AMAZON.EventType。在大多数情况下，内置槽类型提供了足够的上下文。但是，你也可以根据 bot(机器人)的需要，来自定义槽类型。

Lex 将使用槽类型作为帮助理解响应的一种方式。例如，当 Lex 提示我们一个日期时，它可以处理以下最合理的响应：

- 明天
- 星期四
- 下个星期三
- 圣诞节
- 2019 年的劳动节
- 下个月的今天

这允许通过文字或语音实现灵活的对话界面。

测试机器人

让我们测试一下机器人。单击右上角的 Build 按钮，等待构建完成。然后点击 Test Chatbot 链接，在右侧打开的消息面板中尝试创建一些待办事项。图 5-7 显示了一个示例会话。

除了向机器人输入命令外，还可以使用麦克风按钮向机器人发出语音命令，并让它用语音进行回应。需要注意的是，Lex 已经从松散的结构化对话中提取了结构化信息。然后，我们可以在代码中使用提取出的结构化数据。

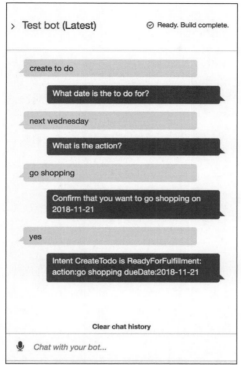

图 5-7　测试聊天机器人

5.3.3　前端更新

现在我们有了一个聊天机器人，是时候将它集成到我们的应用程序中了。更新后的前端代码位于目录 chapter5/step-5-chat-bot/frontend 中。主要的机器人集成代码保存在 src/bot.js 中。首先，让我们看看代码清单 5-12 所示的 activate 函数。

代码清单 5-12　bot.js 中的 activate 函数

```
import $ from 'jquery'
import * as LexRuntime from 'aws-sdk/clients/lexruntime'  ◄┐导入 Lex API
import moment from 'moment'
import view from 'bot-view'

const bot = {activate}
export {bot}

let ac
let auth
let todo
let lexruntime
let lexUserId = 'chatbot-demo' + Date.now()
let sessionAttributes = {}
let recording = false
```

```
...
function activate (authObj, todoObj) {
  auth = authObj                                           使用区域和凭
  todo = todoObj                                           据配置 Lex
  auth.credentials().then(creds => {
    lexruntime = new LexRuntime({region: process.env.TARGET_REGION,
      credentials: creds})
    $('#chat-input').keypress(function (e) {                获取键入的内容
      if (e.which === 13) {
        pushChat()                                          使用输入的文字调用
        e.preventDefault()                                  pushChat
        return false
      }
    })
    bindRecord()
  })
}
```

LexRuntime 是用于处理 Lex 聊天机器人服务的 AWS SDK 服务接口。它有两种
将用户输入发送到 Lex 的方法。一种方法是 postContent，它支持音频和文字流。更
简单的方法是 postText，它仅支持将用户输入作为文字发送。在这个应用程序中，我
们将使用 postText。代码清单 5-13 显示了将前端捕获的输入文字传递给 Lex 的代码。

代码清单 5-13   bot.js 中的 pushChat 函数

```
function pushChat () {
  var chatInput = document.getElementById('chat-input')

  if (chatInput && chatInput.value && chatInput.value.trim().length > 0) {
    var input = chatInput.value.trim()
    chatInput.value = '...'
    chatInput.locked = true

    var params = {
      botAlias: '$LATEST',                                  配置参数
      botName: 'todo',
      inputText: input,
      userId: lexUserId,
      sessionAttributes: sessionAttributes
    }

    view.showRequest(input)                                 将文字发送给聊天
    lexruntime.postText(params, function (err, data) {      机器人
      if (err) {
        console.log(err, err.stack)
        view.showError('Error: ' + err.message + ' (see console for details)
      ')
      }
      if (data) {
        sessionAttributes = data.sessionAttributes
        if (data.dialogState === 'ReadyForFulfillment') {
```

```
      todo.createTodo({                              ←─────── 创建新的待办事项
       id: '',
       note: '',
       dueDate: moment(data.slots.dueDate).format('MM/DD/YYYY'),
       action: data.slots.action,
       stat: 'open'
      }, function () {})
    }
    view.showResponse(data)
  }
  chatInput.value = ''
  chatInput.locked = false
  })
 }
 return false
}
```

　　bot.js 连同 bot-view.js 中的一些显示功能，通过 API postText 为机器人实现了一个简单的文字消息接口。这会将用户的文字输入发送给 Lex 并触发响应。一旦 dueDate 和 action 两个槽被填充，Lex 就会将响应数据 dialogState 设置为 ReadyForFulfillment。此时，可以从 Lex 响应中读取槽数据，为待办事项创建一个 JSON 结构，并将其发布到 to-do API。

　　还有一个功能 pushVoice，我们已将其连接到浏览器音频系统中。这与 pushChat 函数的工作方式类似，不同之处在于它会将音频推送给机器人。在我们向机器人推送音频(即口头命令)的情况下，它将像以前一样用文字进行响应，但还会在附加到响应数据对象的字段 audioStream 中包含音频响应。函数 playResponse 获取这个音频流并直接播放它，这将允许我们与机器人进行语音对话。

5.3.4　部署"第 5 步"

　　由于我们已经部署了机器人，现在只需要更新前端。和以前一样，将"第 4 步"中的.env 文件复制到"第 5 步"的目录中，并运行代码清单 5-14 中的命令来部署新版本。

代码清单 5-14　通过部署命令来更新前端

```
$ cd step-5-chat-bot/frontend
$ source ../.env                                    创建前端静态资产的
$ npm install            ←──── 安装依赖项           生产构建
$ npm run build )                            ←──────┘
$ aws s3 sync dist/ s3://$CHAPTER4_BUCKET    ←──────
                                                    将静态站点复制到
                                                    S3 存储桶
```

　　现在更新后的前端已经部署完毕。

5.3.5　测试"第 5 步"

打开浏览器并加载最新的更新。登录后，可在页面右侧看到聊天机器人界面，如图 5-8 所示。

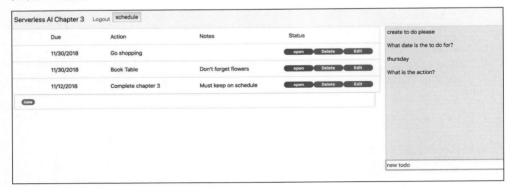

图 5-8　更新后的 UI

现在即可在待办事项应用程序中与机器人进行交互。对话完成后，将在待办事项列表中创建一个新的待办事项。

虽然我们写了许多代码来实现这一点，但代码实现起来都相当简单。大多数时候，我们只是调用外部 API，这是大多数程序员都熟悉的工作。通过调用这些API，我们能够将高级 AI 功能添加到待办事项程序中，而无须了解任何自然语言处理或语音转换成文字的相关技术。

语音和聊天机器人界面正变得越来越普遍，尤其是在移动应用程序中。我们最近遇到的一些很棒的用例包括：

- 网络集成的一线客户支持和销售查询
- 在会议日程应用中使用私人助理
- 帮助预订航班和酒店的旅行助理
- 电子商务网站的个人购物助手
- 促进生活方式改变的医疗保健和激励机器人

希望本章能激励你将这项技术应用到自己的工作中！

5.4　清理环境

完成系统测试后，应将其完全删除，以避免产生额外费用。这可以使用 serverless remove 命令手动完成。我们还在 chapter5/step-5-chat-bot 目录中提供了一个脚本来删除第 4 章和第 5 章中所有已部署的资源。bot 子目录中还有一个单独的 remove.sh 脚本。要使用这些脚本，请执行以下命令：

```
$ cd chapter5/step-5-chat-bot
```

```
$ bash ./remove.sh
$ cd bot
$ bash ./remove.sh
```

如果你想重新部署系统，在同一文件夹中有一个名为 deploy.sh 的脚本。这将通过自动化的方式部署我们在第 4 章和本章中完成的步骤，重新部署整个系统。

5.5　本章小结

- AWS Transcribe 用于将语音转换为文字。Transcribe 允许我们指定文件、文件格式和语言参数，并开始转录任务。
- 使用 AWS Amplify 将数据上传到 S3 存储桶。可以使用 Amplify Storage 接口将从浏览器捕获的音频保存为 WAV 文件。
- 语音合成标记语言(SSML)用于定义会话语音。
- AWS Polly 将文字转换为语音。
- AWS Lex 可用于创建强大的聊天机器人。
- Lex 话语、意图和槽是用于构建 Lex 聊天机器人的组件。

警告　请确保已完全移除本章部署的所有云资源，以免产生额外费用！

第 **6** 章

如何有效地使用AI即服务

本章主要内容：

- 构建无服务器项目以实现快速有效的开发
- 构建无服务器持续部署管道
- 通过集中的结构化日志实现可观察性
- 监控生产中的无服务器项目指标
- 通过分布式跟踪了解应用程序行为

　　到目前为止，我们已经构建了一些令人振奋的基于人工智能的无服务器应用程序。这些系统只需要很少的代码就可以实现非凡的功能。但是，你可能已经注意到，我们的无服务器 AI 应用程序有许多活动部件。我们坚持单一职责原则，以确保每个应用程序都由许多小单元组成，每个小单元都有专门的用途。本章关注如何有效地使用人工智能服务。我们的意思是，从简单的应用程序原型转移到能够为实际用户提供服务的生产级应用程序。为此，我们不仅需要考虑如何实现基本功能，还需要考虑如何提高应用程序的效率。

　　我们已经清楚地了解了小代码单元和现成的托管服务的优点。不妨再退一步，站在架构师和开发人员从更传统的软件开发的角度考虑这种方法的利弊。

　　我们将介绍以确保继续快速交付而不影响质量和可靠性的方式构建、监控和部署应用程序的主要挑战。这包括有一个清晰的项目布局，一个持续工作的交付管道，以及在出现问题时快速了解应用程序行为的能力。

　　本章将介绍克服每个挑战的实际解决方案，并帮助你践行有效的无服务器开发。

6.1　解决无服务器的新挑战

鉴于到目前为止我们已成功地部署了无服务器 AI 应用程序，我们很可能会轻率地认为它将永远一帆风顺！与任何开发软件的方法一样，无服务器 AI 应用程序也有一些缺点和缺陷需要注意。通常，在构建系统并将其部署到生产环境之前，都不会遇到这些问题。为了帮助你预见潜在的问题并提前解决它们，我们将列出无服务器开发的好处和挑战。然后，将展示一个模板项目，你可以将其作为自己的私人项目的基础。这样做的目的是为了节省时间和避免不必要的挫败，因为当这些问题出现时，你可能会对这些问题感到沮丧。

6.1.1　无服务器的优势和挑战

表 6-1 列出了使用托管 AI 服务开发无服务器应用程序的主要优势和挑战。

表 6-1　无服务器的优势和挑战

优势	挑战
按需计算，允许在不需要管理的基础设施上快速启动和扩展	要准确地运行代码，需要依赖云供应商的环境
更小的部署单元允许遵守单一职责原则。这些单元开发起来很快，而且相对容易维护，因为它们有明确的目的和接口。维护这些组件的团队不必考虑系统其余部分的细节	要想成为真正的无服务器型应用，有一个很重要的学习过程。理解有效的无服务器架构、了解可用的托管服务以及建立有效的项目结构需要时间
计算、通信、存储和机器学习的托管服务以最小的设计和编程代价，带来巨大的能力飞跃。与此同时，如果你在自己的组织中构建此功能，这将减轻维护和管理基础设施方面的负担	无服务器微服务体系结构(serverless micro-service architecture)的分布式和碎片化特性使得很难将系统的行为作为一个整体进行可视化或推理
在无服务器系统中，只需要为使用的内容付费，避免了浪费，并允许根据业务使用情况进行扩展	尽管无服务器减少了安全责任中需要考虑的系统数量，但它与传统方法有很大的不同。例如，使用超特权 IAM 策略获取 AWS Lambda 执行权的恶意攻击可能会让攻击者访问资源和数据，并可能无限消耗 AWS 资源，如更多的 Lambda 执行次数、创建更多的 EC2 实例或数据库数量。这可能会导致高额的云服务费用

（续表）

优势	挑战
无服务器方法允许选择多个托管数据库服务，并确保任何作业都使用正确的工具。这种"多语言持久化"与过去尝试在大多数情况下选择一个数据库的经验有很大的不同，这导致了沉重的维护负担，并且不适合某些数据访问需求	当团队需要具备正确使用数据库的技能和理解时，处理多个数据库可能是一个挑战。虽然开始使用 DynamoDB 之类的数据库很容易，但管理更改和确保最佳性能是一项必须通过学习和经验来获得的新技能
创建无服务器项目的成本很低，因此可以针对不同的环境多次重新创建	动态创建的云资源通常使用系统生成的名称。允许其他组件发现它们是必须解决的问题，从而确保松耦合、服务可用性和部署便利性之间的平衡

本章介绍了这些挑战和优势，从而清晰并真实地展示生产环境中无服务器软件的现实情况。既然你已经意识到可能存在的陷阱以及潜在的收益，我们将讨论如何避免陷阱并最大化你的收益。我们将在一个示例项目的帮助下完成这些工作，该项目提供了许多现成的解决方案。

6.1.2　生产级的无服务器模板

本书作者在构建无服务器应用程序上花费了大量时间，体验了所有的优势和挑战，因此也建立了一套最佳实践。我们决定将所有这些实践放到一个模板中，可以使用它快速启动新的无服务器项目；还决定开放这个项目的源代码，让任何打算构建生产级无服务器应用程序的人都可以使用它。它的目的是作为一个学习资源，帮助我们从更广泛的社区收集想法和反馈。

这个名为 SLIC Starter 的项目可以免费使用并且开放贡献。SLIC(Serverless，Lean，Intelligent，Continuous)代表无服务器、精益、智能和持续。你可以在 GitHub 上找到它：https://github.com/fourTheorem/slic-starter。从头开始创建生产就绪的无服务器应用程序可能令人生畏，需要做出许多选择和决定。SLIC Starter 旨在回答其中 80%的问题，以便我们尽快开始构建有意义的业务功能。需要做出决策的领域如图 6-1 所示。

SLIC Starter 是一个模板，可以应用于任何行业中的任何应用程序。它附带了一个管理清单的示例应用程序。这个应用程序被称为 SLIC Lists，它十分简单，但是能够满足许多应用无服务器的最佳实践。一旦熟悉了 SLIC Starter，就可以用自己应用程序的特性替换 SLIC Lists 应用程序。示例 SLIC Lists 应用程序具有以下功能：

- 用户注册及登录。
- 用户可以创建、编辑和删除清单。
- 用户可以在检查表中创建条目，并将其标记为已完成。
- 任何清单都可以与其他用户共享，只要其他用户提供电子邮件地址。收件人必须接受邀请才可以登录或创建账户来查看和编辑列表。
- 当用户创建清单时，其他用户会收到一封"欢迎邮件"，通知他们已经创建了这个清单。

图 6-1　无服务器项目需要决策的内容。SLIC Starter 旨在为每个主题提供一个模板，这样采用者就可以得到解放，更快地开发生产环境

我们系统的组成如图 6-2 所示。其中的主要组件或服务列举如下：
- 清单服务(checklist service)负责存储和检索列表及其条目。它由数据库支持，并向授权用户提供公共 API。
- 电子邮件服务(email service)负责发送电子邮件。电子邮件通过入站队列传递到此服务。
- 用户服务(user service)用于管理用户和账户。它还提供了访问用户数据的内部 API。
- 欢迎服务(welcome service)可在用户创建检查表时发送欢迎消息。
- 共享服务(sharing service)处理与新合作者共享列表的邀请。
- 前端(front end)处理前端 Web 应用程序的构建、部署和分发。它通过配置链接到公共的后端服务。

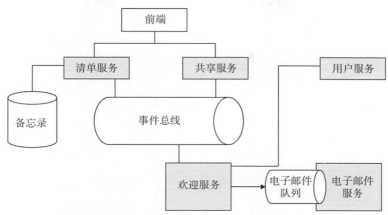

图 6-2　用于 SLIC 列表应用程序的 SLIC Starter 服务。该应用程序由 5 个后端服务组成，还有
一个前端组件以及其他服务来处理证书和域

此外，我们还有支持证书部署和创建面向公众的 API 域的服务。

这个应用程序的功能不太可能与你的应用程序相关，但其构建方式应该相关。
图 6-1 列举了在构建成熟的生产级软件应用程序时需要考虑的因素。清单应用程
序为每个考虑因素提供了一个参考资源模板，帮助你解决挑战，而无须花太多时
间停下来研究所有可能的解决方案。我们首先要考虑的是如何构建项目代码库和
存储库。

6.2　建立项目结构

在项目快速扩展之前，建立清晰的项目结构和源存储库结构是一个好主意。
如果不这样做，团队成员更改和添加新功能时就会变得混乱，尤其是在新团队成
员加入项目时。这里有很多选择，但我们希望在协作环境中进行优化，从而实现
快速、高效的开发，在这种环境中，许多开发人员会共同构建、部署，以及运行
新功能和修改。

6.2.1　源存储库：monorepo 或 polyrepo

组织团队代码的方式似乎是一个微不足道的话题。但是，正如我们在许多项
目中发现的那样，这个简单的决定对更改和发布更改的速度，以及开发人员沟通
和协作的能力有很大影响。其中很大一部分基于选择 polyrepo 还是 monorepo。
polyrepo 是指应用程序中的每个服务、组件或模块都使用多个源代码控制存储库。
在具有多个前端(Web、移动等)的微服务项目中，这可能会产生成百上千个存储库。
monorepo 是指所有服务和前端代码库都保存在一个存储库中。

谷歌、Facebook 和 Twitter 以大规模使用 monorepo 而闻名。当然，仅仅因为

谷歌、Facebook 和 Twitter 如此而采用某种方法并不明智。相反，与所有事情一样，衡量该选择对实际工作的影响并做出对组织有效的决定才是上策。图 6-3 说明了两种方法之间的区别。

图 6-3   monorepo 与 polyrepo。monorepo 在一个存储库中包含多个服务、支持库和基础设施即代码(IaC)。polyrepo 倾向于为每个单独的组件使用单独的存储库

polyrepo 方法有一定的优势。例如，每个模块都可以单独进行版本控制，并且可以具有细粒度的访问控制。但是，根据我们的经验，管理跨多个存储库的协调很耗时间。随着添加更多的服务、库和依赖项，成本很快就会失控。通常，polyrepo 必须使用自定义工具管理跨存储库的依赖项。新开发人员应该能够尽快开始开发产品，避免不必要的仪式和任何团队或公司独有的学习路线。

若使用 monorepo，当错误修复或功能影响多个模块/微服务时，所有更改都在同一个存储库中进行。单个存储库上只有一个分支。不需要跨多个存储库进行跟踪。每个功能都有一个拉取(Pull)请求。不存在该功能被部分合并的风险。

通过坚持使用单个存储库，外部测试(端到端或 API 测试)也可归属于被测代码。基础设施即代码(Infrastructure as Code)也是如此。基础架构中所需的任何更改都可与应用程序代码一起捕获。如果你有微服务使用的公共代码、实用程序和库，将它们保存在同一个存储库中可以很容易共享。

6.2.2   项目文件夹结构

SLIC Starter 存储库遵循 monorepo 方法。该应用程序的布局方式与本书前面描述的许多应用程序类似。每个服务都有自己的文件夹，其中包含 serverless.yml。SLIC Starter monorepo 存储库中的项目文件夹结构如代码清单 6-1 所示。

代码清单 6-1 SLIC Starter 项目结构

```
├── certs/                    托管区域和 HTTPS 证书(ACM)
├── api-service/              API 网关自定义域
├── checklist-service/       清单的 API 网关，DynamoDB
├── welcome-service/         事件处理程序，用于发送有关清单创建的电子邮件
├── sharing-service/         API 网关列表分享邀请
├── email-service/           SQS、SES 用于电子邮件发送
├── user-service/            用户账户的内部 API 网关和 Cognito
├── frontend/                S3、CloudFront、ACM 用于前端分发
├── cicd/                    动态管道和跨账户角色
├── e2e-tests/               使用 TestCafe 进行端到端测试
└── integration-tests/       API 测试
```

6.2.3 获取代码

若要查看这个存储库及其项目结构并为本章的后部分内容的学习做准备，请从 SLIC Starter GitHub 存储库获取代码。如果你想在本章稍后自动构建和部署应用程序，则需要将此代码放在你控制的存储库中。为了实现此目标，可在克隆 SLIC Starter 存储库(https://github.com/fourTheorem/slic-starter)之前使用如下命令进行分支操作(fork)。

```
$ git clone https://github.com/<your_user_or_organization>/slic-
starter.git
```

你现在应该已对什么是有效的项目结构有了深入的了解。你还可以访问展示此结构的模板项目。我们接下来将介绍项目组件的自动化部署。

6.3 持续部署

到目前为止，我们所有的无服务器应用程序都是手动部署的。我们使用无服务器框架的 serverless deploy 命令将每个服务部署到特定的目标环境中。这对于早期开发和原型设计很方便，特别是当应用程序很小时。但是在生产环境中，若功能开发频繁且快速时，手动部署就会延误开发进程且容易出错。

当应用程序由数百个独立部署的组件组成时，你能想象手动部署这些应用程序吗？现实世界的无服务器应用程序本质上是复杂的分布式系统。你不能也不应该依赖于一个心智模型，来了解它们是如何组合在一起的。相反，你应该依靠自动化进行部署和测试。

高效的无服务器应用程序需要持续的部署。持续部署意味着源代码存储库中的更改将自动交付到目标生产环境。当触发持续部署时，将构建和测试受代码更改影响的所有组件。还需要有一个用于集成测试更改组件的系统作为整个系统的一部分。合适的持续部署解决方案使我们有信心快速进行更改。连续部署的原则

同样适用于数据集和机器学习模型的部署。

让我们从更高的层次看一下无服务器连续部署系统的设计。

6.3.1　持续部署设计

我们已经讨论了无服务器应用程序的方法如何有利于存储在单一服务器中的源代码。这将决定持续部署流程的触发方式。如果每个模块或服务都存储在其自己的存储库中，那么对该存储库的更改可能会触发该服务的构建动作。接下来的挑战将变成如何协调跨多个存储库的构建。对于 monorepo 方法，我们希望避免在进行少量提交时构建所有内容，从而只影响一个或两个模块。图 6-4 所示的是高级连续部署流。

部署管道(pipeline)的阶段如下：

(1) 更改检测任务(change-detection job)确定哪些模块受源代码提交的影响。

(2) 管道触发每个模块的并行构建。这些构建任务还将运行相关模块的单元测试。

(3) 当所有构建都成功时，模块将被部署到临时环境中。staging 环境是生产环境的副本，不向实际用户公开。

(4) 运行一组自动化的端到端测试，这些测试让我们确信，在可预测的测试条件下，新的更改不会破坏系统中的基本特性。当然，在难以预测的生产条件下，破坏性更改总是不可避免的，你应该为此做好准备。

(5) 如果所有测试都成功，则将新模块部署到生产环境中。

在我们的流程中，假设有两个目标环境：一个用于在新更改上线之前测试的 staging 环境，一个服务于最终用户的生产环境。staging 环境是可选的。事实上，理想的做法是尽快将更改投入生产，并制定有效的措施来降低风险。这些措施包括快速回滚的能力、部署模式(如蓝绿部署或者 canary 部署)[1]，以及良好的可观察性实践。本章稍后将讨论可观察性。

现在我们已经了解了持续部署流程，接下来，继续学习如何使用托管云构建服务实现它，这些服务本身就是无服务器的。

---

1 有关这些和其他部署策略的更多信息，请参阅 Etienne Tremel 的文章"Six Strategies for Application Deployment"，2017 年 11 月 21 日，thenewstack.io，https://thenewstack.io/ deployment-strategies/。

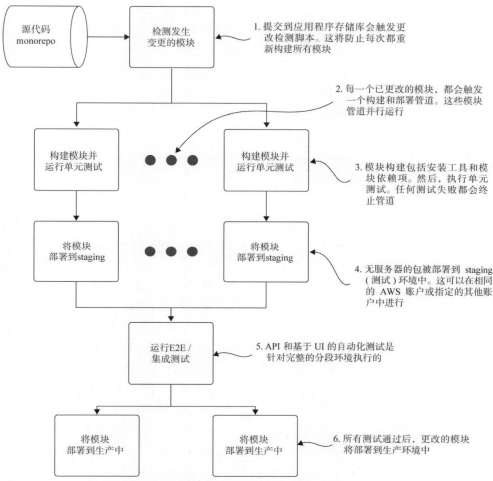

图 6-4　monorepo 方法要求在为每个受影响的模块触发并行构建和单元测试作业之前，检测哪些模块发生了变化。一旦成功，模块就会部署到可以运行集成测试的临时环境中。测试成功后，会触发生产部署

6.3.2　使用 AWS 服务实现持续部署

托管持续构建和部署环境有很多不错的选择。其中包括从 Jenkins 到 SaaS 产品，例如 CircleCI(https://circleci.com)和 GitHub Actions(https://github.com/features/actions)。如何选择取决于哪些因素对你和你的团队最有效。本章将使用 AWS 构建服务(AWS build service)来与选择云托管服务的主题保持一致。这种方法的优点是我们将使用与应用程序本身相同的基础设施即代码(Infrastructure-as-Code)方法。持续部署管道将使用 CloudFormation 构建，并与 SLIC Starter 中的其他服务驻留在同一个 monorepo 中。

多账号和单账号部署

SLIC Starter 支持开箱即用的多账户部署。这使我们能够为暂存和生产环境使用不同的 AWS 账户，从而提供更高的隔离性和安全性。我们还可以使用一个单独的"工具"账户来存放持续部署管道和工件。这种方法需要时间来设置，并且创建多个账户对于许多用户来说可能不可行。由于这些原因，单账户部署也是可能的。我们将在本章中使用单账户部署。

构建持续部署管道

我们用于管道的 AWS 服务是 AWS CodeBuild 和 AWS CodePipeline。CodeBuild 允许我们执行安装、编译和测试等构建步骤。构建工件通常作为其输出结果。CodePipeline 允许我们将多个操作组合成"阶段"。"操作"可以包括源获取、CodeBuild 执行、部署和手动批准步骤。操作可以按顺序执行或并行执行。

在每次提交或合并到存储库的主分支时，我们将并行构建和部署受影响的模块。为此，我们将为每个模块创建一个单独的管道。这些管道将由单个整体编排器管道(orchestrator pipeline)执行和监控。图 6-5 清晰地介绍了如上内容。

由于我们使用 AWS 服务作为构建管道，我们将使用 CloudFormation 堆栈进行部署，就像我们的无服务器应用程序一样。目前我们使用无服务器框架来构造堆栈。部署堆栈则使用 AWS 云开发工具包(Cloud Development Kit，CDK)。

CDK 提供了一种编程的方式来构造 CloudFormation 模板。将标准编程语言用于基础设施即代码(Infrastructure as Code)，有利有弊。我们更喜欢它，因为它反映了我们如何构建应用程序本身，但对许多人来说，使用 JSON 或 YAML 之类的配置语言定义基础设施更好。在这种情况下，它允许你动态地创建项目和管道，而不是依赖于静态配置。当向应用程序添加新模块时，CDK 将自动生成新资源。CDK 支持 JavaScript、Python、Java 和 TypeScript。我们将使用 TypeScript，它是 JavaScript 的超集，可以提供类型安全。当使用复杂的配置语法创建资源时，类型安全将提供极大的帮助。它允许自动完成，并获得即时文档提示。关于 CDK 和 TypeScript 的详细介绍超出了本书的范围。如果你有兴趣研究管道是如何构建的，可以研究 ccid 文件夹中的 CDK TypeScript 代码。现在，我们将直接进入并部署我们的 CI/CD 管道。

有关部署和运行 CI/CD 管道的最新文档位于 SLIC Starter 存储库的 QUICK_START.md 文档中。运行所有步骤后，管道就已准备就绪。对存储库的每次提交都会触发源 CodeBuild 项目，并触发编排器管道的执行。图 6-6 显示了此管道在 AWS CodePipeline 控制台中的界面。

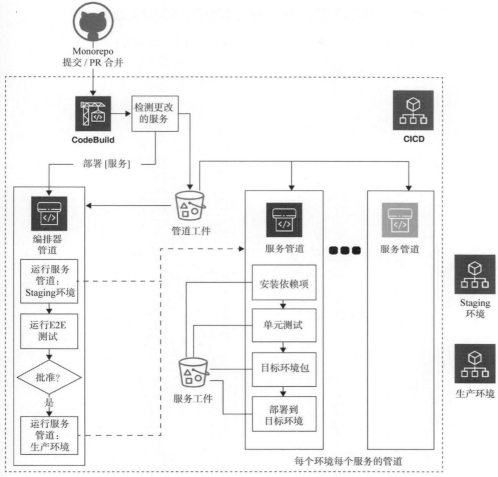

图 6-5 规范的无服务器 CI/CD 架构是 SLIC Starter 的一部分。它为每个模块使用一个 CodePipeline 管道。这些管道的并行执行由编排器管道协调。构建、部署和测试阶段作为 CodeBuild 项目实施

在这里,我们可以清楚地看到已经运行的管道步骤。当前执行处于"批准"阶段。这是一个特殊的阶段,需要用户查看并单击批准才能推进管道运行。这使我们有机会检查和取消任何生产部署。图中显示的执行已被成功部署到 staging 环境,我们的测试任务已成功完成。在 SLIC Starter 中,自动化 API 集成测试和用户界面端到端(E2E)测试针对公共 API 和前端并行执行。

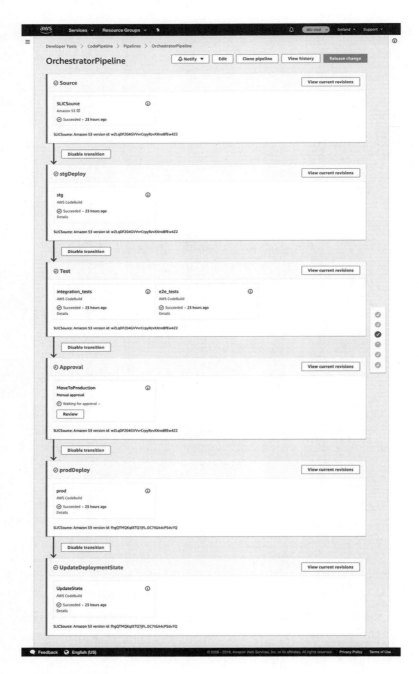

图 6-6 规范的无服务器 CI/CD 架构是 SLIC Starter 的一部分。它为每个模块使用一个
CodePipeline 管道。这些管道的并行执行由编排器管道进行协调。构建、部署和测试阶段作为
CodeBuild 项目进行实施

一旦系统部署到生产环境中，就需要了解那里发生了什么。当出现问题时，我们需要排除故障，并回答有关应用程序状态的许多问题。这给我们带来了可观察性，可以说这是高效的无服务器生产部署中最重要的部分！

6.4　可观察性和监控

在本章开头，我们描述的挑战之一是无服务器系统的碎片化性质。这是由许多小部件组成的分布式系统的常见问题，会导致对系统的运行状况缺乏了解，从而难以解决问题且难于更改。随着微服务架构被更广泛地应用，这个问题得到了更好的理解。对于使用第三方托管服务的无服务器应用程序，这个问题尤为普遍。这些托管服务在某种程度上就是黑盒。

我们对它们的理解程度取决于这些服务提供的用于报告其状态的接口。系统报告其状态的程度称为"可观察性"。人们越来越多地使用这个术语来代替传统术语"监控"。

> **监控与可观察性**
>
> 监控通常是指使用工具检查系统的已知指标。监控应该允许你检测何时发生问题并推断系统存在的问题。如果系统没有发出正确的提示，则监控的效果是有限的。
>
> 可观察性[1]是控制理论中的一个术语，是系统的属性，它允许你通过查看其输出来了解内部发生的事情。可观察性的目标是能够通过检查其输出，来理解任何给定的问题。例如，如果必须更改一个系统并重新部署它，才能了解发生了什么，则该系统缺乏可观察性。
>
> 这两个术语之间的另一个区别是，监控允许你检测已知问题何时发生，而可观察性目的是在未知问题发生时提供理解。
>
> 例如，假设应用程序有一个已经过测试的且工作正常的注册功能。有一天，用户抱怨无法注册。通过查看系统的可视化映射，你确定注册模块中的错误是由于发送注册确认邮件失败造成的。通过进一步查看电子邮件服务中的错误，你注意到这是电子邮件发送已经达到了限制，从而阻止了发送的原因。模块和错误之间的依赖关系的可视化映射将你引向电子邮件服务日志，其中给出了问题根源。这些可观察性特征有助于解决意想不到的问题。

实现可观察性有很多方法。对于清单应用程序，我们将看看想要观察什么，以及如何使用 AWS 托管服务来实现这一点。我们将着眼于可观察性的 4 个实际领域：

1　可观察性简介，honeycomb.io，http://mng.bz/aw4X。

- 结构化的、集中的日志
- 服务和应用程序指标
- 当异常或错误情况发生时，通过警报提醒
- 跟踪可查看整个系统的消息流

6.5   日志

可以从许多 AWS 服务中收集日志。通过 AWS CloudTrail，甚至可以通过 AWS SDK 或管理控制台收集有关资源变更的日志。这里，我们将重点关注 Lambda 函数创建的应用程序日志。我们的目标是为应用程序中有意义的事件创建日志条目，包括信息日志、警告和错误。当前的趋势引导我们采用结构化的日志方法，这是有充分理由的，因为非结构化的纯文本日志很难搜索。日志分析工具也很难解析它们。结构化的、基于 JSON 的日志可以很容易地被解析、过滤和搜索。结构化日志可以被视为应用程序的操作数据。

在传统的服务器环境(没有使用无服务器技术)中，日志通常存储在文件中或使用日志代理。有了 Lambda，这些方法都将被取代，存储变得更加简单。Lambda 函数的任何控制台输出(到标准输出或标准错误)都显示为日志输出。AWS Lambda 会自动收集此输出并将其存储在 CloudWatch 日志中。这些日志存储在根据 Lambda 函数名称命名的日志组中。例如，如果 Lambda 函数名为 checklist-service-dev-get，则其日志将存储在名为/aws/lambda/checklist-service-dev-get 的 CloudWatch 日志组中。

CloudWatch 日志概念

CloudWatch 日志被组织成日志组。日志组是一组相关的日志，通常与特定服务相关。每个日志组内都有一组日志流。流是来自相同来源的一组日志。对于 Lambda 函数，每个预配置的容器都有一个日志流。日志流由一系列日志事件组成。日志事件只是记录到流中并与时间戳相关联的记录。

日志可以存储在 CloudWatch 日志中，以便使用 API 或 AWS 管理控制台进行查询。可以为日志组设置保存期来设置日志的保存时长。默认情况下，日志会永久保留。这通常不是正确的选择，由于 CloudWatch 中的日志存储成本相当高，因此需要对这些日志及时归档或删除。

可以使用订阅过滤器将日志转发到其他服务。每个日志组都可以使用一个订阅过滤器来设置过滤器模式和目的地。可以通过设置过滤器模式来仅提取与字符串匹配的消息。目的地可以是以下任何一个：

- Lambda 函数
- Kinesis 数据流

- Kinesis Data Firehose 传输流。传输流可用于收集 S3、Elasticsearch 或 Splunk 中的日志

　　存储集中式日志的第三方选择有很多，其中有 Elasticsearch、Logstash 和 Kibana 的流行组合，通常称为 ELK Stack。ELK 解决方案已经测试，其在执行复杂查询和生成日志数据可视化的能力方面非常强大。但对于我们的程序来说，简单起见——也因为这是适合许多应用程序的解决方案，我们将在 CloudWatch 中保留日志并使用 CloudWatch Logs Insights 查看和查询它们。与基于 Elasticsearch 的解决方案相比，其设置量要少得多。首先，让我们生成结构化日志。

6.5.1　生成结构化日志

　　在选择如何写入日志时，要考虑的首选是让开发人员尽可能轻松，并尽量减少对应用程序的性能影响。在 Node.js 应用程序中，Pino 记录器(https://getpino.io)完全符合要求。Bunyan(https://www.npmjs.com/package/bunyan)和 Winston(https://www.npmjs.com/package/winston)也可作为备选。我们使用 Pino，因为它专为高性能和最小开销而设计。要将其安装在无服务器模块中，请先将其添加为依赖项，如下所示：

```
npm install pino --save
```

　　同时，还应该安装 pino-pretty，这是一个配套模块，它从 Pino 获取结构化日志输出，并增强其可读性。这是在命令行上查看日志时的理想选择：

```
npm install pino-pretty -g
```

　　为了在代码中生成结构化日志，我们创建了一个新的 Pino 记录器，并为所需的日志级别调用了一个日志函数：记录所有跟踪、调试、信息、警告、错误或致命信息。代码清单 6-2 演示了如何使用 Pino 记录器生成结构化日志。

代码清单 6-2　带有上下文结构化数据的 Pino 日志消息

```
const pino = require('pino')
const log = pino({ name: 'pino-logging-example' })    使用特定名称创建记
                                                       录器以标识日志来源

log.info({ a: 1, b: 2 }, 'Hello world')               信息消息与一些数据
const err = new Error('Something failed')              一起被记录。数据作为
log.error({ err })                                     第一个参数中的对象
            使用属性 err 记录错误。这是一个              进行传递
            特殊的属性，它会将错误序列化为
            一个对象。对象以字符串形式包含
            错误类型和堆栈跟踪
```

　　第一个日志记录的 JSON 日志如下所示：

```
{"level":30,"time":1575753091452,"pid":88157,"hostname":"eoinmac","name":"pin
  o-logging-example","a":1,"b":2,"msg":"Hello world","v":1}
```

这个 JSON 格式的错误日志很难理解。如果将输出发送到 pino-pretty，结果更明了，如代码清单 6-3 所示：

代码清单 6-3　使用 pino-pretty，提高结构化 JSON 日志的可读性

```
[1575753551571] INFO (pino-logging-example/90677 on eoinmac): Hello world
  a: 1
  b: 2
[1575753551572] ERROR (pino-logging-example/90677 on eoinmac):
  err: {
    "type": "Error",
    "message": "Something failed",
    "stack":
      Error: Something failed
          at Object.<anonymous> (/Users/eoin/code/chapter5/
          pino-logging-example/index.js:9:13)
          at Module._compile (internal/modules/cjs/loader.js:689:30)
          at Object.Module._extensions..js (internal/modules/cjs/
          loader.js:700:10)
          at Module.load (internal/modules/cjs/loader.js:599:32)
          at tryModuleLoad (internal/modules/cjs/loader.js:538:12)
          at Function.Module._load (internal/modules/cjs/loader.js:530:3)
          at Function.Module.runMain (internal/modules/cjs/
          loader.js:742:12)
          at startup (internal/bootstrap/node.js:283:19)
          at bootstrapNodeJSCore (internal/bootstrap/node.js:743:3)
  }
```

6.5.2　检查日志输出

可以使用 SLIC Starter 应用程序触发一些日志输出。打开已部署的 SLIC 列表前端的 URL。如果你遵循了 SLIC Starter 的快速入门指南，这个程序应该已经部署完毕。在此示例中，我们将为持续部署的开源存储库 https://stg.sliclists.com 使用 staging 环境。

你需要注册并创建一个账户。从那里，你可以登录并创建清单。你首先会看到一个登录界面，如图 6-7 所示。在登录之前，请按照该屏幕上的链接注册并创建你的账户。

登录后，你可以创建一个列表，如图 6-8 所示。

图 6-7　首次启动 SLIC Lists 时，可以创建一个账户并登录

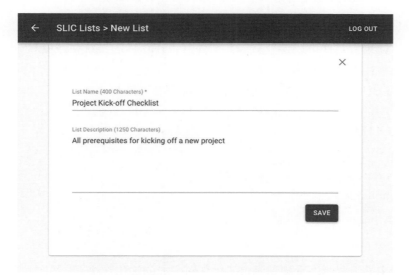

图 6-8　SLIC Lists 允许你创建和管理清单。在这里，我们通过输入标题和可选的描述来创建清单。在无服务器后端，这会创建一个 DynamoDB 条目。它还会触发事件驱动的工作流，从而通过电子邮件向列表创建者发送欢迎消息

最后，你可以向清单中添加一些条目，如图 6-9 所示。

图 6-9　在这里，将一些条目添加到清单中。此步骤将条目添加到刚刚创建的清单中。如果你对如何使用 DynamoDB 数据建模实现这一点感兴趣，请查看 checklist-service 文件夹中的 services/checklists/entries/entries.js

创建清单记录后，便可以检查日志。请注意，在这样的系统中，SLIC Starter 生成的日志通常比你预期的要多。特别是，信息记录设定在 INFO 级别，你可以将其调整为 DEBUG 级别。CloudWatch 日志的成本在这里是一个真正需要考虑的因素。在实际的生产系统中，你应该考虑减少日志输出，编辑所有可识别个人身份的用户信息，并对调试日志实施采样[1]。

检查 CloudWatch 日志的第一种方法是使用 Serverless Framework CLI。在这里，将使用 serverless logs 查看 create 函数的最新日志。为了提高可读性，输出再次被传送到 pino-pretty：

```
cd checklist-service
serverless logs -f create --stage <STAGE> | pino-pretty
  # STAGE is one of dev, stg or prod
```

在代码清单 6-4 中可以看到显示 INFO 级别日志的输出结果。

代码清单 6-4　使用 serverless logs 获取日志并将其输出到控制台

```
[1576318523847] INFO (checklist-service/7 on 169.254.50.213): Result received
    result: {
      "entId": "4dc54f8e-e28b-4de2-9456-f30caef781e4",
      "title": "Entry 2"
    }
```

1　"You need to sample debug logs in production"，崔岩，2018 年 4 月 28 日，https:// hackernoon. com/ you-needto-sample-debug-logs-in-production-171d44087749。

```
END RequestId: fa02f8b1-2a42-46a8-83b4-a8834483fa0a
REPORT RequestId: fa02f8b1-2a42-46a8-83b4-a8834483fa0a Duration: 74.44 ms
    Billed Duration: 100 ms Memory Size: 1024 MB
  Max Memory Used: 160 MB

START RequestId: 0e56603b-50f1-4581-b208-18139e85d597 Version: $LATEST
[1576318524826] INFO
    (checklist-service/7 on 169.254.50.213): Result received
    result: {
      "entId": "279f106f-469d-4e2d-9443-6896bc70a2d5",
      "title": "Entry 4"
    }
END RequestId: 0e56603b-50f1-4581-b208-18139e85d597
REPORT RequestId: 0e56603b-50f1-4581-b208-18139e85d597 Duration: 25.08 ms
      Billed Duration: 100 ms Memory Size: 1024 MB
    Max Memory Used: 160 MB
```

除了由 pino-pretty 格式化的结构化 JSON 日志外，还可以看到由 Lambda 容器本身生成的日志条目。这包括 START、END 和 REPORT 记录。REPORT 记录打印有关内存使用和函数持续时间的相关记录。在优化内存配置从而提高性能和成本时，这两个信息都很重要。

选择最佳的 Lambda 内存配置　Lambda 函数按请求和 GB-second 计费。与许多服务一样——截至本书编写时，其免费门槛为：每月 100 万次请求和 40 万 GB/秒。这意味着你可以免费进行大量的计算。用完这些免费的资源后，权衡成本和性能为每个函数选择合适的大小就显得非常重要了。

在配置 Lambda 函数时，可以选择给它分配多少内存。内存增加一倍，每秒的执行成本也会增加一倍。然而，分配更多内存也会线性增加分配 vCPU 的数量。

假设你有一个函数，它在带有 960MB 内存的 Lambda 函数中执行需要 212ms，而在带有 1024MB 内存的函数中执行需要 190ms。高内存配置的 GB/秒的价格将会增加 6%，但是，由于执行的计费单位是 100ms，低内存配置将会多使用 50% 的计费时间(3 而不是 2)。在这种情况下，高内存配置将会更便宜，并且提供更好的性能。

如果你有一个函数通常在 10ms 内完成执行，而且你不关心延迟问题，那么你最好使用更低的内存配置，减少 CPU 分配，让它在接近 100ms 的时间内完成执行。

6.5.3　使用 CloudWatch Logs Insights 搜索日志

我们已经学习了如何在命令行上检查单个函数的日志。你还可以在 AWS 管理控制台中查看单个日志流。这一切看起来得心应手，但是，当你在生产系统中部署和频繁执行许多函数时，这就显得力不从心了。因为此时需要搜索 TB 级日志数据的大规模集中式日志记录服务。CloudWatch Logs Insights 可以轻松完成这项繁重工作，不必提前设置。它位于 AWS 管理控制台中 CloudWatch 服务的 Insights 部分。如图 6-10 所示，可查询标题中带"Kick-off"的清单的相关日志。

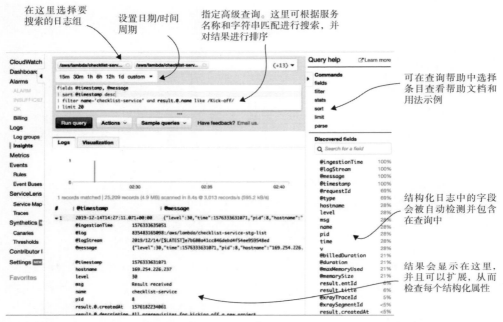

图 6-10　CloudWatch Logs Insights 允许跨多个日志组执行复杂的查询

此处显示的查询是一个简单示例。查询语法支持许多函数和操作符。你可以执行算术和统计运算以及提取字段、排序和过滤。图 6-11 显示了如何使用统计函数通过从每次执行的 REPORT 日志中提取数据来分析 Lambda 的内存使用情况和持续时间。

在所示的示例中，我们提供了比所需更多的内存。这可能需要将容器的内存大小减少到 256MB。由于正在分析的函数只是调用 DynamoDB 写操作，所以它更多的是 I/O-bound 而不是 CPU-bound。因此，减少内存和 CPU 分配不太可能对函数的执行时间产生重大影响。

你现在应该很好地了解了集中式结构化日志如何与 CloudWatch Logs Insights 一起用于为应用程序增加可观察性。接下来，我们将查看你可以观察和创建的指标，进一步了解应用程序的行为。

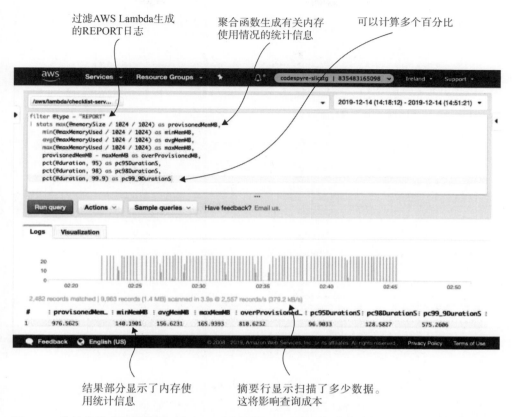

图 6-11　统计和算术运算被用于与 Lambda REPORT 日志一起共同分析相关函数是否配置了最优的内存数量，以提高性能并降低成本。这里展示了内存使用情况，并比较了使用的最大内存与分配的内存容量。此外，函数持续时间的 95%、98% 和 99.9% 几个值能更直观地表述性能状况

6.6　监控服务和应用程序指标

作为实现可观察性目标的一部分，我们希望能够创建和查看指标。指标可以是特定于服务的，例如并发执行的 Lambda 函数的数量；也可以是特定于应用程序的，例如清单中的条目数量。AWS 提供了一个名为 CloudWatch Metrics 的指标存储库。这个服务收集单个指标并允许汇总查看。请注意，一旦将单个指标数据点汇总在一起，就不能再单独查看了。你可以查询给定时间段的统计信息，例如对每分钟生成的计数指标进行求和。

默认情况下，CloudWatch 指标的最短时间周期为 1 分钟。可以添加分辨率为 1 秒的高分辨率自定义指标。保留 3 小时后，高分辨率指标会汇总成时间间隔为 1 分钟的指标。

6.6.1　服务指标

许多 AWS 服务默认为大多数其他服务发布指标。无论你是使用 CloudWatch Metrics 还是其他指标解决方案,重要的是要了解发布了哪些指标,以及你应该监控哪些指标。表 6-2 仅列出了 AWS 服务示例的部分指标。我们选择了与第 2～5 章中构建的 AI 应用程序相关的示例。

表 6-2　AWS 服务发布的 CloudWatch 指标,可对其进行监控,从而深入了解系统行为。了解和观察与使用服务相关的指标非常重要

服务	示例指标
Lex[a]	MissedUtteranceCount, RuntimePollyErrors
Textract[b]	UserErrorCount, ResponseTime
Rekognition[c]	DetectedFaceCount, DetectedLabelCount
Polly[d]	RequestCharacters, ResponseLatency
DynamoDB[e]	ReturnedBytes, ConsumedWriteCapacityUnits
Lambda[f]	Invocations, Errors, IteratorAge, ConcurrentExecutions

[a] 请参阅"使用 Amazon CloudWatch 监控 Amazon Lex",http://mng.bz/emRq。

[b] 请参阅"Amazon Textract 的 CloudWatch 指标",http://mng.bz/pzEw。

[c] 请参阅"适用于 Rekognition 的 CloudWatch 指标",http://mng.bz/OvAa。

[d] 请参阅"将 CloudWatch 与 Amazon Polly 集成",http://mng.bz/YxOa。

[e] 请参阅"DynamoDB 指标和维度",http://mng.bz/Gd2J。

[f] 请参阅"AWS Lambda 指标",http://mng.bz/zrgA。

对我们使用服务的所有指标的全面讲解超出了本书的范围。我们建议你在阅读本书时,使用你构建的应用程序来学习 AWS 管理控制台的 CloudWatch 指标部分。你可以在 AWS 文档中找到所有服务及其指标的完整列表[1]。

6.6.2　应用程序指标

除了 AWS 服务发布的内置指标之外,CloudWatch Metrics 还可以用作自定义应用程序指标的存储库。本节将探讨添加指标需要哪些内容。让我们重新审视 SLIC Starter 项目中的清单应用程序。我们可能希望收集特定于应用程序的指标,从而了解如何进一步开发产品。假设我们正在考虑为应用程序开发 Alexa 技能。Alexa 技能是 AWS 中的无服务器应用程序,允许用户使用智能扬声器设备与 AWS 服务进行交互。这与第 5 章中由 Lex 驱动的待办事项聊天机器人非常相似。为了

1　发布 CloudWatch Metrics 的 AWS 服务,http://mng.bz/0Z5v。

设计这个技能，用户体验部门希望收集有关用户当前如何使用 SLIC 清单的统计数据。具体来说，我们想了解以下内容：

- 用户清单中有多少条记录？
- 一个典型的清单条目中有多少个单词？

使用 CloudWatch Metrics，我们可以通过两种方式添加这些指标：

- 使用 AWS 开发工具包和调用 putMetricDataAPI[1]
- 使用根据嵌入式指标格式(Embedded Metric Format)专门格式化的日志

使用 putMetricDataAPI 有一个缺点。比如进行 SDK 调用将导致底层 HTTP 请求。这给代码增加了不必要的延迟。我们将改用嵌入式指标格式(Embedded Metric Format)日志。这个方法要求创建一个特殊格式的日志消息，其中包含要生成的指标的所有详细信息。由于我们使用 CloudWatch 日志，因此 CloudWatch 会自动检测、解析此日志消息，并将其转换为 CloudWatch 指标。编写此日志消息的成本，对代码性能的影响可以忽略不计。此外，只要保留日志，原始指标就可以使用。

让我们来看看如何生成这些指标日志，以及结果是怎样的。代码清单 6-5 显示了日志消息格式的概要。

代码清单 6-5　Embedded Metric Format 日志的结构

```
{                                          _aws 属性定义了指标
  "_aws": {                                的元数据
    "Timestamp": 1576354561802,
    "CloudWatchMetrics": [                  指标的命名空间是该
      {                                     指标所属的分组
        "Namespace": "namespace"
        "Dimensions": [["stagej"]]
        "Metrics": [                        每个指标最多可以有 10 个
          {                                 维度。维度是对指标进行分
            "Name": "Duration",             类的名称-值对
            "Unit": "Milliseconds"
          }                                 这里定义了一个单一的指标标准，且给
        ],                                  它设定了名称和单位。AWS 文档[2]中定
        ...                                 义了支持的指标单位列表
      }
    ]                     此处给出了元数据中命          此处提供了元数据中
  },                      名的维度的值               指定的指标值
  "stage": "prod",
  "Duration": 1
}
```

1　AWS JavaScript SDK, putMetricData, https://docs.aws.amazon.com/AWSJavaScriptSDK/latest/AWS/CloudWatch.html#putMetricData-property。

2　CloudWatch Metrics 支持的单位参见 MetricDatum 中的介绍，http://mng.bz/9Azr。

CloudWatch 会自动识别这些 JSON 结构化日志消息，从而以最小的性能开销创建 CloudWatch Metrics。可以使用 console.log 创建这个 JSON 结构，并将其记录到 Lambda 函数代码中的 CloudWatch 日志中。另一种方法是使用 aws-embedded-metrics Node.js 模块[1]。该模块为我们提供了许多记录指标的函数。在本示例中，我们使用 createMetricsLogger 函数，并在 checklist-service/services/checklists/entries/entries.js 中添加指标日志记录代码。有关 addEntry 函数的相关内容，请参阅代码清单 6-6。

代码清单 6-6　符合嵌入式指标格式的结构化日志记录

createMetricsLogger 创建了一个可以显式调用的记录器。
aws-embedded-metrics 模块还提供了一个包装器或"装饰器"函数，可避免显式刷新调用

清单中的条目数被记录为计数指标

```
const metrics = createMetricsLogger()
metrics.putMetric('NumEntries', Object.keys(entries).length, Unit.Count)
metrics.putMetric('EntryWords', title.trim().split(/s/).length,
Unit.Count)
await metrics.flush()
```

记录清单条目中的单词数

刷新指标以确保它们被写入控制台的输出

为了生成一些指标，我们需要使用不同的输入来调用这个函数。SLIC Starter 端到端集成测试包括一个测试，该测试根据实际的分布创建一个包含条目计数和单词计数的清单。我们可以多次运行这个测试，从而在 CloudWatch 中获得一些合理的指标。

SLIC Starter 的集成测试中有一些设置步骤。查看集成测试文件夹中的 README.md 文件，可以获得详细信息。一旦你准备好测试，可以先运行一次，如果测试成功，就可以继续运行一批集成测试来模拟某些工作负载：

```
cd integration-tests
./load.sh
```

load.sh 脚本并行运行随机数量的集成测试，并重复该过程直到完成 100 次。现在，我们可以进入 AWS 管理控制台的 CloudWatch Metrics 部分，来对清单条目统计数据进行可视化。

当你在控制台中选择 CloudWatch Metrics 时，可以看到如图 6-12 所示的界面。

1　GitHub 上的 aws-embedded-metrics，https://github.com/awslabs/aws-embedded-metrics-node。

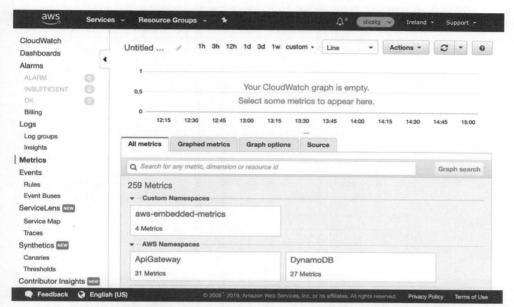

图 6-12 在 AWS 管理控制台中浏览 CloudWatch Metrics 视图,并为 AWS 服务选择自定义命名
空间和系统命名空间

在界面中选择 laws-embedded-metrics 命名空间,打开一个表,表中将显示所选命名空间中的多个维度集,如图 6-13 所示。

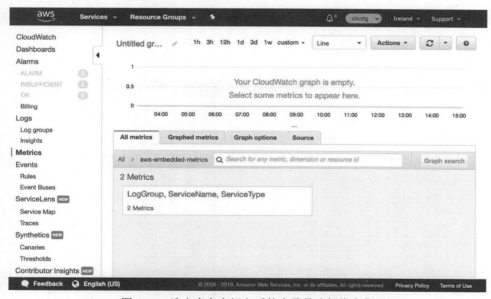

图 6-13 选定命名空间之后的步骤是选择维度集

单击此处唯一的选项以显示可见指标。从 addEntry 函数中选择两个指标,如图 6-14

所示。

图 6-14　CloudWatch Metrics 控制台显示出所选命名空间和维度内的所有指标。单击左侧的复
选框即可将指标添加到显示的图表中

　　接着定制这些指标的显示方式。首先尝试添加到默认的平均统计数据中。这
可以通过切换到 Graphed Metrics 选项卡来完成。单击每个指标旁边的 Duplicate
图标。对 NumEntries 和 EntryWords 指标分别执行两次此操作，为平均指标创建
多个副本。将其中的一个副本的 Statistic 更改为 Maximum 和 p95。最后，将图表
类型从 Line 更改为 Number，得到如图 6-15 所示的结果。

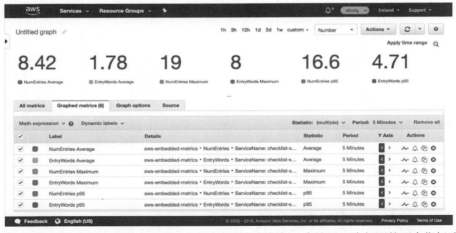

图 6-15　切换到 Graphed Metrics 选项卡自定义和复制指标。在这里，为相同的两个指标选择
新的统计数据。将图形从 Line 切换到 Number 可生成所需统计数据的简单明了的视图

在这种情况下，使用数字可视化要比折线图更有效，因为在折线图上查看的值随时间的变化对于这些指标来说并不重要。我们最终得到了一些可以帮助用户体验团队设计 Alexa 技能的简单数字。我们知道大多数清单条目少于 5 个字，平均为 2 个字。清单中平均有 8 条记录，p95 统计值为 16.6。

6.6.3　使用指标创建告警

至此，你已经看到了理解和监视 AWS 服务指标和自定义应用程序指标的价值。当你有无法解释的系统行为时，这些知识应该可以帮助你更好地理解系统的行为。然而，等到出了问题才开始找答案并不是一个好的选择。你应该设定好正常系统的行为指标，并在系统行为偏离这一指标时创建告警。告警是在达到指定条件时通知系统操作员的一种通知。通常情况下，我们会为以下情况设置告警：

(1) 用于计算 AWS 服务内的错误数量的指标值大于给定的数字时触发。例如，当所有函数在 5 分钟内调用的 Lambda 次数超过 10 次时，希望得到提醒。

(2) 最终用户的服务水平达到了不可接受的程度。例如，当关键 API 端点的 API 网关延迟指标的第 99 个百分位数超过 500 毫秒时。

(3) 业务指标对于创建告警非常有价值。从最终用户的角度创建与交互相关的阈值通常更容易。例如，在 SLIC Starter 应用程序中，通常每小时创建 50～60 条清单。如果数量大大超出此阈值，就应该收到告警并进行调查。这可能只是活动的虚假变化，或者表明我们可能没有检测到一些潜在的技术问题。

在 AWS 环境中，使用 CloudWatch Alarms 可以发出此类告警。Alarms 始终基于 CloudWatch Metrics。可以定义使用的时间段和统计数据(例如，超过 5 分钟的平均延迟)。告警阈值可以基于数值或基于使用标准偏差带的异常检测。CloudWatch Alarms 的告警机制是通过 SNS Topics 实现的。简单通知服务(Simple Notification Service，SNS)是用于发送事件的 Pub/Sub。SNS 允许通过电子邮件、SMS 或 Webhook 或其他服务(包括 SQS 和 Lambda)发送告警信息。

创建告警的综合示例超出了本章的内容范围。可以尝试使用 AWS 管理控制台来试验并创建一些警报。熟悉 CloudWatch Alarms 的配置选项后，你可以继续在 serverless.yml 文件中将它们创建为应用程序的资源。以下资源允许我们通过较少的配置创建告警：

● Serverless Application Repository 提供托管的 CloudFormation 堆栈，这些堆栈可以作为嵌套应用程序，包含在你自己的应用程序中。其他组织已经发布了一些堆栈，它们简化了为无服务器应用程序创建一组合理的告警的过程。例如,SAR-cloudwatch-alarms-macro 应用程序[1]可为 AWS Lambda、

1　Lumigo 的 SAR-cloudwatch-alarms-macro，请访问 http://mng.bz/WqeW。

API Gateway、AWS Step Functions 和 SQS 中的常见错误创建告警。

● 无服务器框架的插件。例如，AWS Alerts Plugin(http://mng.bz/jVre)可使创建告警的过程变得更加容易。

6.7　使用跟踪理解分布式应用程序

在本章开头，我们说过无服务器开发的挑战之一是系统的分布式和碎片化性质。这使对整个系统的行为进行可视化或推理变得更加困难。集中式日志记录、指标和告警的使用可以帮助改善这一点。分布式跟踪是一种额外的工具，可以让了解无服务器系统的数据流成为可能。在 AWS 生态系统中，分布式跟踪由 X-Ray 和 CloudWatch ServiceLens 提供。X-Ray 是底层跟踪服务，ServiceLens 是 CloudWatch 控制台的功能，提供与日志和指标集成的跟踪可视化。你也可以选择其他商用替代品，例如 Datadog、Lumigo 和 Epsagon。虽然这些技术同样值得探索，但我们使用托管的 AWS 服务，因为它们足以演示和学习可观察性和跟踪的概念。

6.7.1　启用 X-Ray 跟踪

分布式跟踪的目的是在请求通过系统中的许多服务传播时，监视和分析请求的性能。我们可以通过一个直观的例子来说明这一点。比如在 SLIC Starter 应用程序中创建清单的场景。从用户单击前端的 Save 按钮开始，就会发生图 6-16 所示的一系列动作。

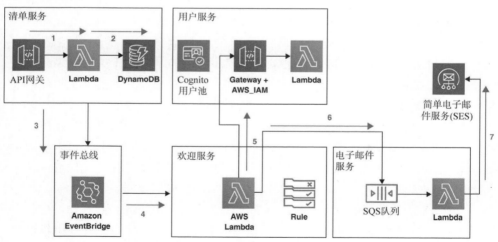

图 6-16　对无服务器系统的典型请求会产生跨多个服务的多个消息

(1) 请求通过 API Gateway 传递到清单服务中的 Lambda。

(2) Lambda 调用 DynamoDB。

(3) Lambda 向 Amazon EventBridge 发布一个"创建清单"事件。

(4) 事件由欢迎服务接收。

(5) 欢迎服务调用用户服务 API 查找清单所有者的电子邮件地址。

(6) 欢迎服务将 SQS 消息放入电子邮件服务的队列。

(7) 电子邮件服务接受传入的 SQS 消息，并使用简单电子邮件服务(SES)发送电子邮件。

　　这是一个相对简单的分布式工作流，但很容易看出这种事件的连锁反应对于开发人员来说是多么难以理解。想象一下在拥有数百或数千个服务的系统中会是什么样子。通过捕获整个流程的跟踪，我们可以在 ServiceLens 中查看序列和时间。该序列的一部分如图 6-17 所示。

图 6-17　CloudWatch ServiceLens 显示每个 segment 的时间跟踪

　　图中的跟踪显示了分布式请求的各个部分，包括它们的计时。请注意，这张图片与单个请求相关。用 X-Ray 对跟踪进行采样。默认情况下，每秒采样一个请求，之后采样 5%的请求。这可以通过 X-Ray 控制台中的规则进行配置。

　　X-Ray 的工作原理是生成跟踪 ID，并在请求完成时将跟踪 ID 从一个服务传播到另一个服务。为了启用这种行为，开发人员可以使用 AWS X-Ray SDK 来添加 AWS SDK 调用的自动跟踪工具。这样做的效果是将包含跟踪和段标识符的跟踪头，添加到请求中。X-Ray SDK 还将请求数据(包括计时)发送给收集跟踪采样的守护进程。下面代码展示了如何在 Node.js Lambda 函数代码中初始化 X-Ray SDK：

```
const awsXray = require('aws-xray-sdk')
const AWS = awsXray.captureAWS(require('aws-sdk'))
```

　　此代码片段取自 SLIC Starter 中的 slic-tools/aws.js，在加载标准 AWS SDK 之

前，先加载 X-Ray SDK。调用 X-Ray SDK 的 captureAWS 函数来拦截所有 SDK 请求，并创建新代码段作为跟踪的一部分[1]。启用 X-Ray 跟踪所需的另一项更改是在 API Gateway 和 Lambda 配置中打开它们。使用无服务器框架时，这涉及 serverless.yml provider 部分的添加，如以下代码所示：

```
tracing:
    apiGateway: true
    lambda: true
```

在 SLIC Starter 中，所有服务的处理相同，因此你已经拥有了查看分布式跟踪结果所需的一切。

6.7.2　探索跟踪和映射

除了我们已经看到的单个跟踪时间线之外，X-Ray 控制台和较新的 CloudWatch ServiceLens 控制台还能够显示你服务的完整映射关系。这是一个非常强大的可视化工具。SLIC Starter 服务映射的示例如图 6-18 所示。

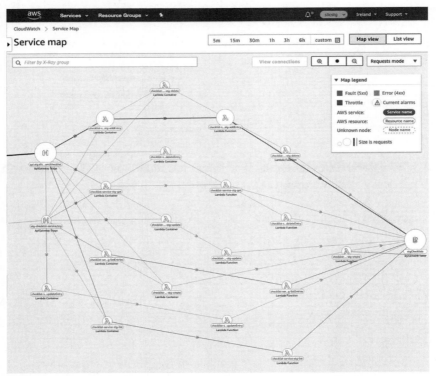

图 6-18　可以在 CloudWatch ServiceLens 中显示服务之间请求传播的映射图。显示太多的服务会降低阅读感受，你可以在 AWS 控制台中选择放大视图和筛选服务

1　请参阅 Tracing AWS SDK Calls with the X-Ray SDK for Node.js，网址为 http://mng.bz/8GyD。

所有可视化，包括映射图和跟踪，都会显示捕获的所有错误。映射图显示每个节点的错误百分比。选择映射图中的任何节点将显示请求率、延迟和错误数量。图 6-19 显示了清单服务中 deletetry 函数的服务映射选择，错误率为 50%。

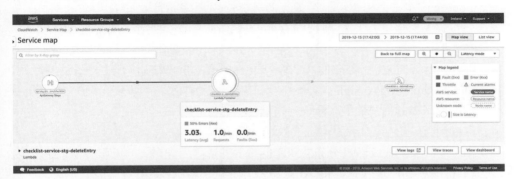

图 6-19　为服务映射中的任何选定节点选择 View Connections，将筛选视图，从而只显示连接的服务。图中显示的是使用 CloudWatch Logs 中的相关请求 ID 进一步调查的错误事件

我们可以选择 View Traces(查看跟踪)或 View Logs(查看日志)来进一步诊断。View Logs 将我们带到 CloudWatch Logs Insights，从而了解这个请求和时间。

6.7.3　带有注释和自定义指标的高级跟踪

我们无法穷尽 X-Ray 和 ServiceLens 的所有用例。然而，有几个特性值得一提，因为当试图为大规模的实际生产场景寻找解决方案时，它们特别有用：

- 注释(annotations)是索引键值对，你可以使用 X-Ray SDK 将其分配给跟踪代码段。它们被 X-Ray 索引，所以你可以在 X-Ray 控制台中对它们进行筛选[1]，还可以向跟踪代码段添加自定义元数据。虽然它们没有索引，但可以在控制台中查看。
- X-Ray Analytics 控制台和 AWS SDK 支持创建由过滤器表达式定义的组。过滤器表达式可以包含使用 X-Ray SDK 在你的代码中创建的自定义注释。
- 定义组后，X-Ray 将创建自定义指标，并将它们发布到 CloudWatch Metrics。这些包括延迟、错误和限制率。

我们建议花一些时间通过 AWS 管理控制台尝试 X-Ray 的功能。这将帮助你为自己的无服务器应用程序创建正确的注释、元数据和组。

---

[1]　Add Annotations and Metadata to Segments with the X-Ray SDK for Node.js，网址为 http://mng.bz/。

6.8 本章小结

- CodePipeline 和 CodeBuild 可用于创建无服务器持续部署管道。
- monorepo 方法是构建可扩展的无服务器应用程序的有效策略。
- 分布式无服务器应用程序架构存在一些挑战,可以使用可观察性最佳实践来解决。
- 可以使用结构化 JSON 日志和 AWS CloudWatch 日志来实施集中日志记录。
- CloudWatch Logs Insights 用于查看和深入探索日志。
- 可以使用 CloudWatch 查看服务指标。
- 可以创建特定于应用程序的自定义指标。
- X-Ray 和 ServiceLens 的分布式跟踪能帮助理解高度分布式的无服务器系统。

下一章将继续关注现实世界的 AI 即服务,重点是将 AI 即服务集成到现有的系统当中。

警告 请确保已完全删除本章部署的所有云资源,以免产生额外费用。

第 *7* 章

将AI应用于现有系统

本章主要内容：

- 无服务器 AI 的集成模式
- 使用 Textract 改进身份验证
- 带有 Kinesis 支持的 AI 数据处理管道
- 使用 Translate 进行即时翻译
- 使用 Comprehend 进行情绪分析
- 使用 Comprehend 训练自定义文档分类器

在第 2～5 章中，我们从头开始创建系统并从一开始就应用 AI 服务。当然，现实世界并不总是如此简单。几乎我们所有人都必须处理遗留系统和技术问题。在本章中，我们将研究把 AI 服务应用于现有系统的一些策略。我们将首先了解一些架构模式，然后再开发一些基于现实世界经验的具体示例。

7.1　无服务器 AI 的集成模式

现实世界的企业计算是"混乱的"——这一事实无法回避。对于大中型企业而言，技术产业通常规模庞大，并且通常会随着时间的推移不断增长。

一个组织的计算基础设施可以按照财务、人力资源、营销、业务线系统等领域进行细分。这些领域中的每一个都可能由来自不同供应商的许多系统以及自主开发的软件组成，并且通常会将遗留软件与更现代的软件即服务(SaaS)交付的应用程序混合在一起。

伴随而来的是，各种系统通常以混合模式运行，混合了内部部署、托管和基于云的部署。此外，这些操作元素中的每一个通常都必须与域内外的其他系统集成。这些集成可以通过批处理 ETL 作业、点对点连接或通过某种形式的企业服务总线(Enterprise Service Bus，ESB)来实现。

ETL、点对点和 ESB

企业系统集成是一个很大的话题，我们不会在这里进行详细介绍，但要注意的是，系统可以通过多种方式连接在一起。例如，一家公司可能需要从其 HR 数据库中导出记录以与费用跟踪系统相匹配。提取、转换和加载(ETL)是指从一个数据库(通常为 CSV 格式)导出记录、转换然后加载到另一个数据库的过程。

连接系统的另一种方法是使用点对点集成。例如，可以创建一些代码来调用一个系统的 API 并将数据推送到另一个系统的 API。当然，这取决于提供合适的API。随着时间的推移，ETL 和点对点集成的使用会累积成一个非常复杂且难以管理的系统。

企业服务总线(ESB)试图通过提供可以进行这些连接的中央系统来管理这种复杂性。ESB方法受其自身特殊缺陷的影响，经常引发很多的问题。

图 7-1 展示了一个典型的中型组织的技术资产。在这个示例中，不同的域通过中央总线连接在一起。在每个域中，都有单独的 ETL 和批处理过程将系统连接在一起。

毫无疑问，对所有这些复杂性的描述超出了本书的范围。我们关心的问题是如何在这种环境中利用无服务器 AI 技术。幸运的是，我们可以遵循一些简单的模式来实现目标，前提是先对问题进行简化。

在接下来的讨论中，我们将使用图 7-2 表示 "企业资产"，以便将基础设施的其余部分视为一个黑盒。在下一节中，我们将研究连接 AI 服务的 4 种常见模式。然后再将构建一些具体示例，从而展示如何使用 AI 服务来增强或替换企业内的现有业务流程。

例如，如果公司业务工作流程的一部分需要通过水电费账单或护照进行身份证明，这可以通过 AI 来实现，从而减少人工工作量。

另一个例子是预测。许多组织需要提前计划，以预测给定时间内所需的库存或人力储备。AI 服务可以整合到这个过程中，从而构建更复杂和准确的模型，为企业节省资金或机会成本。

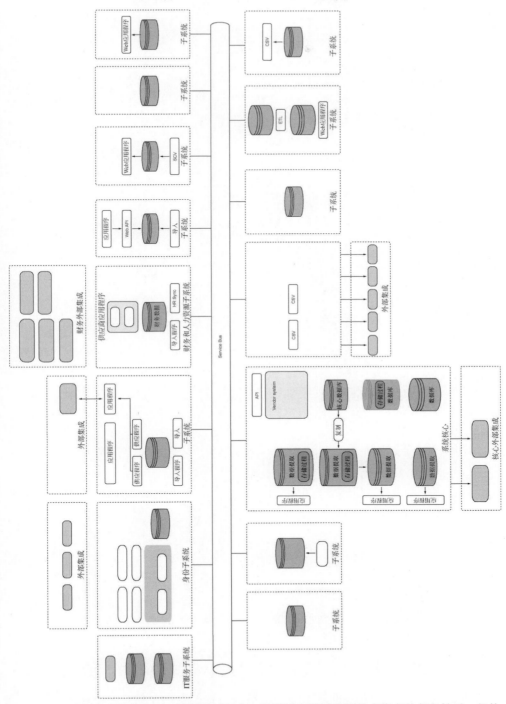

图 7-1　典型的企业技术资产，按逻辑域细分。该图旨在说明典型技术资产的复杂性质，架构
的细节并不重要

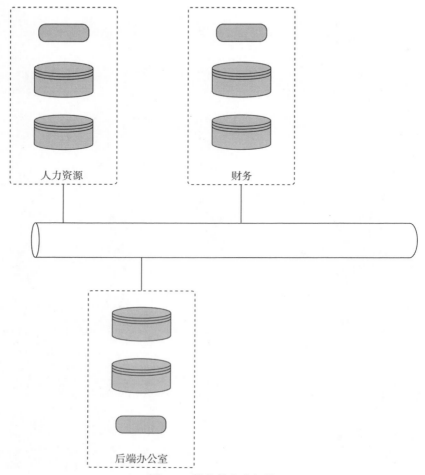

图 7-2 简化的企业架构

我们将探讨以下 4 种方法：

- 同步 API
- 异步 API
- VPN 流输入
- VPN 全连接流

请记住，这些方法仅代表将适当的数据放入所需位置的途径，从而使我们能够执行 AI 服务来实现业务目标。

7.1.1 模式 1：同步 API

第 1 种也是最简单的方法是创建一个小系统，就像我们在前几章中所做的那样，与企业的其他系统隔离开来。相关功能通过一个安全的 API 进行公开，并通

过公共互联网访问。如果需要更高的安全级别，可以建立 VPN 连接，通过 VPN
连接可以调用 API。这个简单的模式如图 7-3 所示。

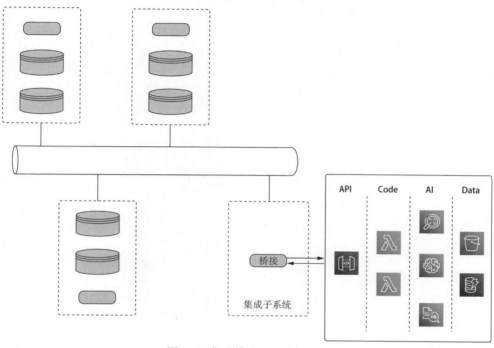

图 7-3　集成模式 1：同步 API

　　为了使用服务，必须创建一小段桥接代码来调用 API，并使用服务的结果。
当可以快速获得结果并且以请求/响应的方式调用 API 时，这种模式是合适的。

7.1.2　模式 2：异步 API

　　我们的第 2 个模式与前一个模式非常相似，它通过 API 实现其功能。然而，
在这种情况下，API 的行为是异步的。这种模式适用于运行时间较长的 AI 服务，
如图 7-4 所示。

　　在这种"即发即忘"模式下，桥接代码调用 API，但只会先收到状态信息，
而不会立即收到结果，例如，处理大量文本的文档分类系统。系统的输出可以通
过多种方式应用于更多企业场景：

- 通过构建与用户的交互，以查看结果的 Web 应用程序
- 由系统通过电子邮件或其他途径发送结果
- 通过系统调用外部 API 来转发所有分析的详细信息
- 通过桥接代码轮询 API 以获得结果

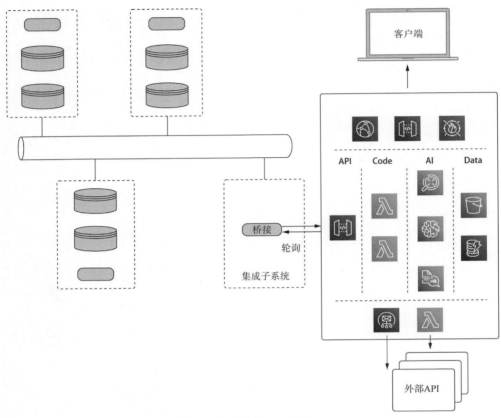

图 7-4　集成模式 2：异步 API

7.1.3　模式 3：VPN 流输入

第 3 种方法是通过 VPN 将企业与云服务连接起来。一旦建立了安全连接，桥接代码就可以更直接地与云服务交互。例如，桥接代码可以直接将数据流导入 Kinesis Pipeline，而不是使用 API 网关访问系统。

可以通过多种方式访问结果：通过 API、通过出站消息传递、通过 Web GUI 或通过输出流，如图 7-5 所示。

> **VPN**
>
> VPN(virtual private network)可用于在设备或网络之间提供安全的网络连接。VPN 通常使用 IPSec 协议套件来提供认证、授权和安全的加密通信。使用 IPSec 意味着可以使用不安全的协议，例如用于远程节点之间的文件共享的协议。
>
> VPN 可以为远程工作者提供进入公司网络的安全访问，也可以安全地将公司网络连接到云端。虽然设置和配置 VPN 的方法有很多种，但我们推荐使用 AWS VPN 服务的无服务器方法。

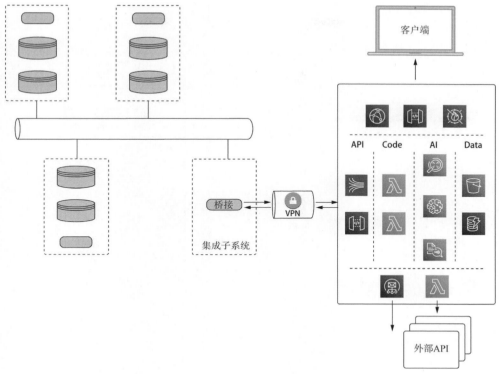

图 7-5　集成模式 3：流入

7.1.4　模式 4：VPN 完全连接流

　　最后一个模式涉及企业和云端 AI 服务之间更深层次的联系。在这个模式下，可以参照前面的方式建立一个 VPN 连接，并使用它来双向传输数据。有几种可用的流技术，在此我们使用已经取得了不错成果的 Apache Kafka，如图 7-6 所示。

　　这种方法需要在 VPN 的两端操作一个 Kafka 集群，并在集群之间复制数据。在云环境中，服务通过从适当的 Kafka 主题中提取数据来使用数据，并将结果放回到不同的主题上，供更多企业使用。

Kafka

Apache Kafka 是一个开源的分布式流平台。Kafka 最初是在 LinkedIn 开发的，后来捐赠给了 Apache 基金会。尽管还有其他可用的流技术，但 Kafka 的设计独一无二，因为它是通过分布式提交日志实现的。

Netflix 和 Uber 等公司越来越多地在高吞吐量数据流场景中采用 Kafka。当然，可以安装、运行和管理自己的 Kafka 集群。但是，我们建议你采用无服务器方法并采用 AWS Managed Streaming for Kafka(MSK)等系统。

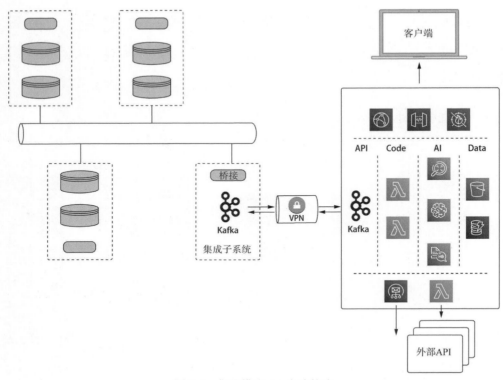

图 7-6　集成模式 4：全连接流

对这种方法的优点和 Kafka 的全面讨论超出了本书的范围。如果你不熟悉 Kafka，我们建议你阅读 Dylan Scott 的 *Kafka in Action*(曼宁出版社出版)以了解更多信息。

7.1.5　选择哪种模式

与所有架构决策一样，采用哪种模式实际上取决于具体情况。我们的指导原则是让事情尽可能简单。如果简单的 API 集成即可实现目标，那就选择简单的。如果随着时间的推移，外部 API 集合开始增长，则考虑将集成模型更改为流式解决方案，以避免 API 激增。关键是不断检查与 AI 服务的集成，并准备好根据需要进行重构。

表 7-1 总结了具体应用场景与各种模式的适用性。

在本章中，我们将构建两个示例系统。

- 模式 1：同步 API 方法
- 模式 2：异步 API

表 7-1　AI 即服务与遗留集成模式的适用性

模式	应用场景	示例
1：同步 API	单独服务，快速响应	从文档中提取文本
2：异步 API	单独服务，长时间运行	文档转录
3：VPN 流输入	多种服务，结果供用户使用	情绪分析管道
4：VPN 全连接	多种服务，结果供机器使用	批量翻译文件

虽然我们不会详细研究流方法，但请记住，我们的两个示例系统也可以通过这种方法使用适当的技术(例如 Apache Kafka)替换 API 层来连接到企业。

7.2　使用 Textract 改进身份验证

我们的第一个示例将通过创建可直接调用的小型、自包含 API 来扩展现有平台。假设企业需要验证身份——我们中的大多数人都不得不经历过这个过程，例如在申请抵押贷款或汽车贷款时。

这通常需要扫描几份文件，以便向贷方证明你的身份和地址。尽管人工需要查看这些扫描结果，但从中提取信息并手动将信息输入贷方系统既耗时又容易出错，因此可以通过应用人工智能实现。

我们的小型独立服务如图 7-7 所示。它使用 AWS Textract 从扫描的文档中获取详细信息。在此示例中，我们将使用护照作为信息来源——其他身份证明文件也同样适用，例如水电费账单或银行对账单等。

我们的 API 有两部分。首先，需要将扫描的图像上传到 S3。最简单的方法是使用预先签名的 S3 URL，API 提供了一个函数来生成它们，并将其返回给客户端。一旦在 S3 中有图像，就会使用 Lambda 函数调用 Textract，它将分析扫描图像，以文本格式返回数据。API 会将这些数据返回给客户端进行进一步处理。

个人身份信息

毋庸置疑，必须极其谨慎地处理任何个人身份信息。每当系统处理用户提供的信息，特别是身份证明文件时，都必须遵守收集信息所在地区的法律要求。

例如，在欧盟，这意味着系统必须遵守通用数据保护条例(GDPR)。作为开发人员和系统架构师，我们需要了解这些法规并确保合规。

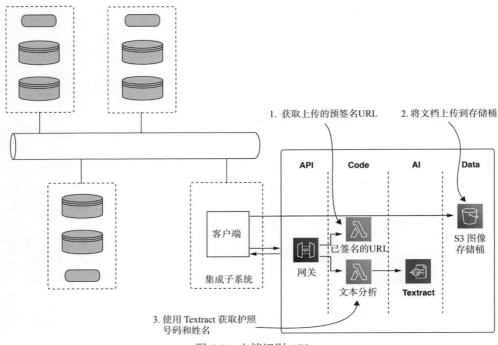

图 7-7　文档识别 API

7.2.1　获取代码

API 的代码位于目录 chapter7/text-analysis 中。这包含两个目录：text-analysis-api (其中包含我们的 API 服务的代码)；client 目录(包含一些用于执行 API 的代码)。在使用示例数据进行部署和测试之前，我们将详细介绍这个系统。

7.2.2　文本分析 API

我们的 API 代码库由 serverless.yml 配置文件、用于节点模块依赖项的 package.json 和包含 API 逻辑的 handler.js 组成。serverless.yml 是一个标准文件，它定义了两个 Lambda 函数：upload 和 analyze，可以通过 API 网关访问。它还为 API 定义了一个 S3 存储桶，并为分析服务设置了 IAM 权限，如代码清单 7-1 所示。

代码清单 7-1　Textract 权限

```
iamRoleStatements:
  - Effect: Allow          ←────────    启用对 Lambda 的存储桶访问
    Action:
      - s3:GetObject
      - s3:PutObject
      - s3:ListBucket
    Resource: "arn:aws:s3:::${self:custom.imagebucket}/*"
```

```
 - Effect: Allow
   Action:
     - textract:AnalyzeDocument          ←———— 启用 Textract 权限
   Resource: "*"
```

　　除了允许 Textract 访问上传的文档之外，Lambda 函数还需要存储桶权限才能生成有效的预签名 URL。

　　代码清单 7-2 展示了如何调用 S3 API，从而生成预签名 URL。该 URL 会与存储桶密钥一起返回给执行 PUT 请求并上传了相关文档的客户端。

代码清单 7-2　获取签名的 URL

```
const params = {
  Bucket: process.env.CHAPTER7_IMAGE_BUCKET,          将过期时间设
  Key: key,                                           为 5 分钟
  Expires: 300                          ←———
}
s3.getSignedUrl('putObject', params, function (err, url) {
  respond(err, {key: key, url: url}, cb)
})
```

　　预签名 URL 仅限于针对给定密钥和文件的特定操作——本例中的 PUT 请求。另请注意，我们在 URL 上设置了 300 秒的到期时间。这意味着如果文件传输未在 5 分钟内启动，已签名的 URL 将失效，并且如果不生成新的 URL 将无法传输。

　　将文档上传到存储桶后，便可启动对 Textract 的调用，从而执行分析。代码清单 7-3 展示了这是如何在 handler.js 中完成的。

代码清单 7-3　调用 Textract

```
const params = {
    Document: {
      S3Object: {                       ←———— 指向上传的文档
        Bucket: process.env.CHAPTER7_IMAGE_BUCKET,
        Name: data.imageKey
      }
    },
    FeatureTypes: ['TABLES', 'FORMS']   ←———— 设置特征类型
}

  txt.analyzeDocument(params, (err, data) => {   ←———— 调用 Textract
    respond(err, data, cb)
  })
```

　　Textract 可以执行两种类型的分析，TABLES(表格)和 FORMS(表单)。TABLES 分析类型告诉 Textract 在其分析中保留表格信息，而 FORMS 类型要求 Textract 尽可能以键值对的形式提取信息。如果需要，可以在同一个调用中执行两种分析

类型。

分析完成后，Textract 将返回一个包含结果的 JSON 块，结果结构如图 7-8 所示。

该结构清晰明了，它由链接到子 LINE 元素的根 PAGE 元素组成，每个子元素都链接到许多子 WORD 元素。每个 WORD 和 LINE 元素都有一个相关置信区间：0～100 的数字表示 Textract 对分析结果的准确程度的评判。每个 LINE 和 WORD 元素还有一个包含元素周围边界框坐标信息的 Geometry 部分。这对于需要额外人工验证的应用程序非常有用。例如，用户界面可以显示带重叠边界框的扫描文档，以确认提取的文本与预期的文档区域相匹配。

7.2.3　客户端代码

执行 API 的代码位于客户端目录中。而主要的 API 调用代码位于 client.js 中。共有 3 个函数：getSignedUrl、uploadImage 和 analyze。如前所述，这些函数与 API 一一对应。

代码清单 7-4 展示了 analyze 函数的内容。

```
{
 Blocks: [
  {
   BlockType: 'PAGE'
   Id:
   Relationships: [{
    Type: CHILD
    Ids: [
     …
    ]
   }]
  },
  {
  BlockType: 'LINE'              连接到
  Confidence: 99.8,
  Geometry: {
   BoundingBox: {
   Width: 0.09791304916143417,
   Height: 0.025393398478627205,
   Left: 0.12474661320447922,
   Top: 0.036540355533361435
   }
  }
  Id:
   Relationships: [{
    Type: CHILD
    Ids: [
     …
    ]                          连接到
   }]
  },
  {
  BlockType:: 'WORD'
  Confidence: 96.2
  Geometry: {
  …
  }
  Id:
   Relationships: [{
    Type: CHILD
    Ids: [
     …
    ]
   }]
  }
 ]}
```

图 7-8　Textract 输出 JSON

代码清单 7-4　调用 API

```
function analyze (key, cb) {
  req({
    method: 'POST',                        向 API 发出 POST 请求
    url: env.CHAPTER7_ANALYZE_URL,
    body: JSON.stringify({imageKey: key})
  }, (err, res, body) => {
    if (err || res.statusCode !== 200) {
      return cb({statusCode: res.statusCode,
        err: err,
        body: body.toString()})
    }
    cb(null, JSON.parse(body))             返回结果
  })
}
```

该代码使用 request 模块向 analyze API 发出 POST 请求，该请求将 Textract 结果块返回给客户端。

7.2.4　部署 API

部署 API 之前，需要配置一些环境变量。API 和客户端都从 chapter7/text-analysis 目录中的.env 文件中读取它们的配置。你可以使用文本编辑器并使用代码清单 7-5 所示的内容创建该文件。

代码清单 7-5　Textract 的.env 文件示例

```
TARGET_REGION=eu-west-1
CHAPTER7_IMAGE_BUCKET=<your bucket name>
```

将<your bucket name>替换为你拟定的全局唯一存储桶名称。

部署 API 需要像以前一样使用 Serverless Framework。打开命令 shell，执行 cd 命令进入 chapter7/text-analysis/text-analysis-api 目录，然后运行：

```
$ npm install
$ serverless deploy
```

这将创建文档图像存储桶、设置 API 网关并部署两个 Lambda 函数。部署后，Serverless 会将网关 URL 输出到两个函数，输出结果如代码清单 7-6 所示。

代码清单 7-6　Endpoint URL

```
                                                          upload URL
endpoints:
GET - https://63tat1jze6.execute-api.eu-west-1.amazonaws.com/dev/upload
POST - https://63tat1jze6.execute-api.eu-west-1.amazonaws.com/dev/analyze
functions:
upload: c7textanalysis-dev-upload                         analyze URL
analyze: c7textanalysis-dev-analyze
```

我们将使用这些 URL 调用文本来分析 API。

7.2.5　测试 API

完成 API 的部署后，就该使用一些真实的数据测试它了。我们刚刚部署的服务能够读取和识别文件中的文本字段，比如水电费账单或护照。data 子目录中提供了一些示例护照图像，如图 7-9 所示。当然，这些都是由虚拟数据组成的。

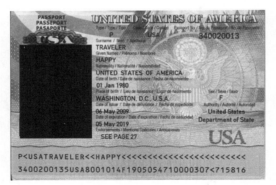

图 7-9　护照示例

为了测试这个 API，首先需要更新 .env 文件。在文本编辑器中打开这个文件，并使用特定的名称添加两个 URL 和存储桶名，如代码清单 7-7 所示。

代码清单 7-7　环境文件

```
TARGET_REGION=eu-west-1
CHAPTER7_IMAGE_BUCKET=<your bucket name>          替换为 analyze UR
CHAPTER7_ANALYZE_URL=<your analyze url>
CHAPTER7_GETUPLOAD_URL=<your upload url>          替换为 upload URL
```

接下来，执行 cd 命令进入 chapter7/text-analysis/client 目录。数据子目录中有一些示例图像。用于运行客户端的代码位于 index.js 中。要运行代码，请打开 shell 并执行如下命令：

```
$ npm install
$ node index.js
```

客户端代码将使用 API 把示例文档上传到图像存储桶中，然后调用 analyze API。analyze API 将调用 Textract 来分析图像，并将结果返回给客户端。最后，客户端代码将解析输出的 JSON 结构，并挑选出几个关键字段，将它们显示到控制台。结果类似于代码清单 7-8 的输出结果。

代码清单 7-8　客户端输出结果

```
{
    "passportNumber": "340020013 (confidence: 99.8329086303711)",
    "surname": "TRAVELER (confidence: 75.3625717163086)",
    "givenNames": "HAPPY (confidence: 96.09229278564453)",
    "nationality": "UNITED STATES OF AMERICA (confidence: 82.67759704589844)",
    "dob": "01 Jan 1980 (confidence: 88.6818618774414)",
    "placeOfBirth": "WASHINGTON D.C. U.S.A. (confidence: 84.47944641113281)",
    "dateOfIssue": "06 May 2099 (confidence: 88.30438995361328)",
    "dateOfExpiration": "05 May 2019 (confidence: 88.60911560058594)"
}
```

需要注意的是，Textract 正在应用多种技术来提取这些信息。首先，它会执行光学字符识别(optical character recognition，OCR)分析以识别图像中的文本。作为此分析的一部分，它保留已识别字符的坐标信息，将它们分组为区块和线。然后使用坐标信息将表单字段关联为名称-值对。

准确地说，我们需要为 Textract 提供高质量的图像：质量越好，分析得到的结果就越准确。你可以通过创建或下载自己的低质量图像并将这些图像传递给 API 来测试这一点。你会发现 Textract 很难在低质量图像中识别出正确的结果。

代码清单 7-8 列出了 Textract 识别出的字段以及置信度。大多数 AI 服务会返回一些相关的置信度。作为这些服务的使用者，我们应该弄清楚如何理解该数字。例如，如果实例对错误高度敏感，那么只接受 99% 或更好的置信水平也许是正确的。较低水平的结果应送交人工验证或更正。但是，许多业务案例可以容忍较低的准确性。具体的可接受置信度要根据具体情况具体分析，这个置信度往往与特定的业务相关。

想想你自己公司的业务流程：是否可以通过此类分析实现自动化？是否需要从客户提供的文件中收集和获取信息？也许你可以根据需要调整这个示例来改进该过程。

7.2.6　删除 API

在继续下一部分之前，需要删除 API 以避免产生额外费用。为此，执行 cd 命令进入 Chapter7/text-analysis/text-analysis-api 目录并运行以下代码：

```
$ source ../.env && aws s3 rm s3://${CHAPTER7_IMAGE_BUCKET} --recursive
$ serverless remove
```

这将从存储桶中删除所有上传的图像并拆除堆栈。

7.3　带有 Kinesis 支持的 AI 数据处理 pipeline

我们将在第 2 个示例中构建一个数据处理 pipeline。这个 pipeline 将通过异步 API 公开，并用作我们的模式 2 示例。在构建此示例时，我们将详细探讨许多新服务和技术，包括 Kinesis、Translate 和 Comprehend。

- Kinesis 是亚马逊的实时流媒体服务，用于创建数据和视频处理 pipeline。
- Translate 是亚马逊的机器驱动语言翻译服务。
- Comprehend 是亚马逊的自然语言处理(NLP)服务，可用于执行情绪分析或关键字检测等任务。

一起来看看零售和电子商务领域。大型零售店可能有多个产品部门，例如"户外""汽车""宠物"等。客户服务是零售业的重要组成部分。特别是，快速有效地回应客户投诉很重要，因为如果处理得当，它可以将心怀不满的客户转变成品牌拥护者。问题是客户有很多投诉渠道，包括网站产品评论、电子邮件、Twitter、Facebook、Instagram、博客帖子等。

不仅产品反馈的渠道多，国际化的零售商还要处理多语言的反馈。尽管需要人工与客户打交道，但检测所有这些渠道和地理区域的负面反馈非常适合人工智能解决方案。

我们的示例系统将是一个支持人工智能技术的 pipeline，它可以用于过滤来自多种语言的多个通道的反馈。该 pipeline 的目的是：当检测到有关其产品的负面反馈时，通知适当的部门。

这种支持人工智能的 pipeline 增强和扩展了零售商的数字化能力，同时不会直接干扰业务系统。

其处理流程如图 7-10 所示。在 pipeline 的起始端，原始数据被发送到集合API，这可以来自多个订阅源，比如 Twitter 反馈、Facebook 评论、入站电子邮件和其他社交渠道。API 将原始文本输入 Kinesis stream(流)。

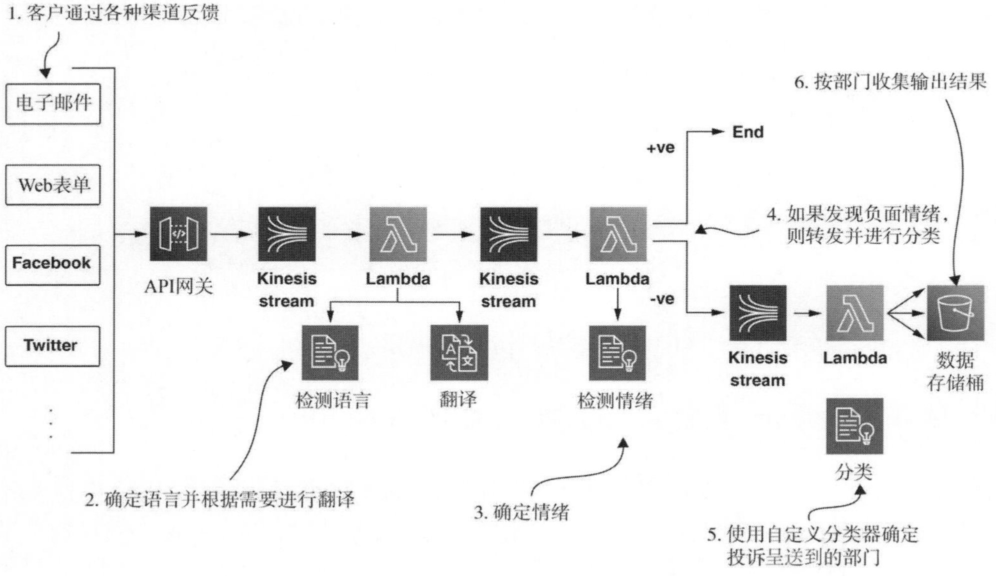

图 7-10　处理流程

AWS 提供了两个关键的流媒体技术：Managed Streaming for Kafka(MSK)和 Kinesis。在这些系统中，Kinesis 是最容易使用的，所以我们将重点放在这个系统上。流中的数据触发下游的 Lambda，它使用 Comprehend 确定入站文本的语言。如果语言不是英语，那么 Lambda 在将其发布到 pipeline 之前，会使用 AWS Translate 运行实时翻译。下游的 Lambda 使用 Comprehend 对翻译文本进行情绪分析。如果检测到积极情绪，则不对该消息进行处理。但是，如果情绪非常负面，文本将被发送到使用 AWS Comprehend 构建的客户分类器。分类器将分析文本，并尝试确定与消息相关的产品部门。一旦确定了部门，就可以将消息发送给适当的团队，让他们处理负面评论。在本例中，我们将输出结果到 S3 存储桶。

通过这种方式结合人工智能服务的 pipeline 可以为企业节省巨大的成本——因为反馈的过滤和分类是自动执行的，不需要特定团队。

> **Kinesis 与 Kafka**
>
> 直到最近，选择 Kinesis 而不是 Kafka 的原因之一仍是 Kafka 需要在 EC2 实例上安装、设置并进行管理。然而，随着 AWS Managed Streaming for Kafka(MSK) 的发布，这种情况已经改变。虽然关于 Kafka 优点的全面讨论超出了本书的范围，但我们要注意的是，这项技术的可扩展性和通用性很强。如果你正在构建一个需要大量大规模流处理的系统，建议你更深入地研究 Kafka。
>
> 即使把 MSK 考虑在内，Kinesis 仍然可以更充分地集成到 AWS 堆栈中，而且更容易启动和快速运行，所以我们将在示例系统中使用它。Kinesis 可以用在以下几个方面。
>
> - Kinesis Video Streams：用于视频和音频内容。
> - Kinesis Data Streams：用于一般的数据流。
> - Kinesis Data Firehose：支持将 Kinesis 数据通过流式传输给 S3、Redshift 或 Elasticsearch 等目标。
> - Kinesis Analytics：支持使用 SQL 进行实时流处理。
>
> 本章将使用 Kinesis Data Streams 构建 pipeline。

7.3.1　获取代码

我们的 pipeline 代码位于本书存储库的 Chapter7/pipeline 目录中。其中包含以下映射到流程中每个阶段的子目录。

- pipeline-api：包含系统的 API 网关设置
- translate：包含语言检测和翻译服务
- sentiment：包含情绪分析代码
- training：包含帮助训练自定义分类器的实用程序脚本
- classify：包含触发自定义分类器的代码
- driver：包含用于执行 pipeline 的代码

与前面的示例一样，将在部署之前简要描述每个服务的代码。部署完所有单元后，将端到端测试 pipeline。让我们从简单的第 1 步开始，即部署 API。

7.3.2　部署 API

API 的代码位于目录 Chapter7/pipeline/pipeline-api 中，包含一个 serverless.yml 文件和一个简单的 API。无服务器配置定义了单一数据提取方法，该方法将发布到 API 的数据推送到 Kinesis。Kinesis stream 也在无服务器配置中定义，如代码清单 7-9 所示。

代码清单 7-9　serverless.yml Kinesis 定义

```
resources:
  Resources:
    KinesisStream:          ◄——— 定义 Kinesis stream
      Type: AWS::Kinesis::Stream
      Properties:
        Name: ${env:CHAPTER7_PIPELINE_TRANSLATE_STREAM}
        ShardCount: ${env:CHAPTER7_PIPELINE_SHARD_COUNT}
```

API 的代码非常简单，因为它只是将入站数据转发到 Kinesis stream。API 接受入站 JSON POST 请求，并期待格式如代码清单 7-10 所示。

代码清单 7-10　pipeline API 的 JSON 数据格式

```
{
  originalText: ...         ◄——— 原始文本
  source: 'twitter' | 'facebook'...   ◄——— 反馈的来源
  originator: '@pelger'     ◄——— 反馈发起的 ID
}
```

在部署 API 之前，需要设置环境。我们在 chapter7/pipeline 目录中提供了一个名为 default-environment.env 的模板.env 文件。在 chapter7/pipeline 目录中复制此文件，并将文件名设定为.env。该文件包含代码清单 7-11 所示的内容。

代码清单 7-11　Pipeline 的环境文件

```
TARGET_REGION=eu-west-1
CHAPTER7_PIPELINE_SHARD_COUNT=1          ◄——— Kinesis 分片数
CHAPTER7_PIPELINE_TRANSLATE_STREAM=c7ptransstream   ◄——— Kinesis 翻译流的名称
CHAPTER7_PIPELINE_SENTIMENT_STREAM=c7psentstream    ◄——— Kinesis 情绪流的名称

CHAPTER7_PIPELINE_CLASSIFY_STREAM=c7pclassifystream ◄——— Kinesis 分类流的名称
CHAPTER7_PIPELINE_TRANSLATE_STREAM_ARN=...
CHAPTER7_PIPELINE_SENTIMENT_STREAM_ARN=...
CHAPTER7_PIPELINE_CLASSIFY_STREAM_ARN=...
CHAPTER7_CLASSIFIER_NAME=chap7classifier
CHAPTER7_CLASSIFIER_ARN=...
...
```

接下来可以通过在 chapter7/pipeline/pipeline-api 目录中打开一个 shell 并执行

如下命令来继续部署 API：

```
$ npm install
$ serverless deploy
```

这将创建我们的第 1 个 Kinesis stream，以及数据提取 API。图 7-11 说明了部署 API 后 pipeline 的状态。突出显示的部分代表到目前为止已部署的内容。

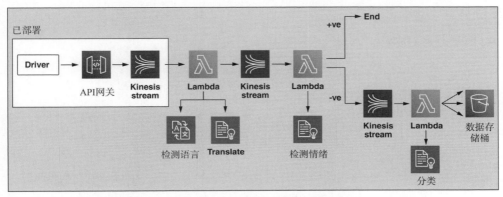

图 7-11　API 部署后的 pipeline

在部署时，框架将输出 API 的 URL。在继续下一阶段之前，将其添加到.env 文件中，如代码清单 7-12 所示，将<your API url>替换为你的特定值。

代码清单 7-12　API 部署后，在.env 文件中添加元素

```
CHAPTER7_PIPELINE_API=<your API url>
```

7.4　使用 Translate 即时翻译

数据提取后 pipeline 的第 1 阶段是检测语言并在需要时翻译成英语。这些任务由翻译服务处理，其代码位于目录 Chapter8/pipeline/translate 中。除了主处理器函数是由我们在 API 部署中定义的 Kinesis stream 触发之外，无服务器配置是相当标准的，如代码清单 7-13 所示。

代码清单 7-13　由 Kinesis 触发的处理程序

```
functions:
  translate:
    handler: handler.translate
    events:                              连接到 stream
      - stream:
          type: kinesis
          arn: ${env:CHAPTER7_PIPELINE_TRANSLATE_STREAM_ARN}
          batchSize: 100
```

```
        startingPosition: LATEST
        enabled: true
        async: true
```

Connect to the stream.：连接到 stream

该配置定义了第 2 个 Kinesis stream， Sentiment 服务将连接到该 stream，并设置适当的权限以发布到 stream，并调用所需的翻译服务，如代码清单 7-14 所示。

代码清单 7-14　处理程序的 IAM 权限

```
- Effect: Allow
    Action:
        - comprehend:DetectDominantLanguage        ← Comprehend 权限
        - translate:TranslateText                   ← 翻译权限
        - kinesis:PutRecord
        - kinesis:PutRecords        ← Kinesis 权限
    Resource: "*"
```

handler.js 中翻译服务的代码由我们在 API 定义的 Kinesis stream 中的数据触发。这是处理程序函数的事件参数中的 base64 编码的记录块。代码清单 7-15 显示了服务如何使用这些记录。

代码清单 7-15　翻译服务

```
module.exports.translate = function (event, context, cb) {
  let out = []
  asnc.eachSeries(event.Records, (record, asnCb) => {   ← 循环遍历每条记录
    const payload = new Buffer(record.kinesis.data,
      'base64').toString('utf8')        ← 对记录进行解码
    let message
    try {
      message = JSON.parse(payload)     ← 转换为对象
    } catch (exp) {
...
  })
```

此处同时使用了 Comprehend 和 Translate 服务。Comprehend 用于检测消息中的语言，如果检测到非英语的语言，则使用 Translate 将其转换为英语。代码清单 7-16 显示了来自源代码的相关调用。

代码清单 7-16　检测语言并翻译

```
...
let params = {
  Text: message.originalText
}
comp.detectDominantLanguage(params, (err, data) => {   ← 检测语言
...
```

```
params = {
  SourceLanguageCode: data.Languages[0].LanguageCode,
  TargetLanguageCode: 'en',
  Text: message.originalText
}
trans.translateText(params, (err, data) => {        ← 翻译成英文
...
```

当翻译服务完成文本翻译后，如果需要，它会将更新的消息发布到第 2 个 Kinesis stream 中。这稍后将由情绪检测服务获取，我们将很快部署该服务。

要部署翻译服务，请在 chapter7/pipeline/translate 目录中打开一个 shell 并运行如下命令：

```
$ npm install
$ serverless deploy
```

这将在 pipeline 中创建第 2 阶段。图 7-12 说明了 pipeline 在最新部署后的状态。

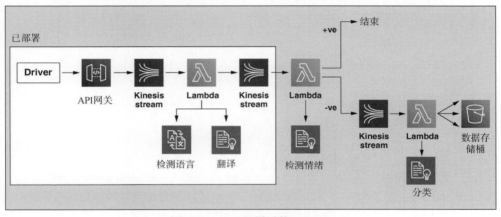

图 7-12 API 部署后的 pipeline

我们已经完成了 pipeline 部署的一半。在下一节中，将检查截至目前的部署是否一切正常。

7.5 测试 pipeline

现在已经部署了部分 pipeline，可通过向其中放入一些数据来测试它是否能够正常工作。为此，我们将利用免费的开源公共数据集。现在先获取其中的一些数据并用它来测试 pipeline。

首先执行 cd 命令进入 chapter7/pipeline/testdata 目录。这包含一个脚本，该脚本将下载并解压一些测试数据，你可以通过运行如下脚本来实现。

```
$ bash ./download.sh
```

我们正在使用保存在 http://snap.stanford.edu/data/amazon/productGraph/ 的亚马逊产品评论数据的子集。具体来说，我们正在使用汽车、美容、办公室和宠物类别的数据。脚本执行完成后，你将在 testdata/data 目录中看到 4 个 JSON 文件。每个文件都包含许多评论和评分。你可以在文本编辑器中打开这些文件，并查看它们以了解数据情况。

testdata 目录中有另一个名为 preproc.sh 的脚本。它会获取下载的评论数据，并将其转换为用于训练和测试自定义分类器的格式。我们将在下一节中讲解该分类器，现在先通过运行此脚本来处理数据：

```
$ cd pipeline/testdata
$ bash preproc.sh
```

这将在数据目录中创建许多额外的文件。它会为每个下载的文件创建一个新的 JSON 文件，其结构如代码清单 7-17 所示。

代码清单 7-17　亚马逊评论数据格式

```
{
  train: [...],          ← 训练数据
  test: {
    all: [...],
    neg: [...],          ← 负面的测试数据
    pos: [...]
  }                       ← 积极的测试数据
}
```

脚本所做的是将输入数据分成两组，一组用于训练，一组用于测试，大部分记录存储在训练数据集中。在测试数据集中，我们使用原始数据中的所有字段来确定此评论数据是正面还是负面。这将允许我们稍后测试情绪过滤器。该脚本还创建了一个 CSV(逗号分隔值)文件 data/final/training.csv。我们将在下一节中使用这个文件来训练分类器。

现在已经下载并准备好数据，可以检查 pipeline 到目前为止是否正常运行。在 pipeline/driver 目录中有一个用于此的测试实用程序。这是两个小型 Node.js 程序：driver.js，它使用测试数据调用 API；streamReader.js，它从指定的 Kinesis stream 中读取数据，以便我们可以看到该 stream 中存在哪些数据。这里将不深入讨论具体代码。

首先将一些数据发布到 API。在 pipeline/driver 中打开 shell，安装依赖项，然后运行驱动程序：

```
$ npm install
$ node driver.js office pos
$ node driver.js office neg
$ node driver.js beauty neg
```

这将使用 3 个随机评论来调用 API：2 个来自办公产品数据集，1 个来自美妆产品数据集。driver 还允许我们指定数据是正面的还是负面的。接下来检查数据是否确实在 Kinesis stream 中。首先运行：

```
$ node streamReader.js translate
```

这将从翻译流中读取数据，并将其显示在控制台上。流阅读器代码每秒轮询一次 Kinesis，从而显示最新数据。要停止阅读器运行，请按 Ctrl+C 组合键。接下来，对情绪流重复此练习：

```
$ node streamReader.js sentiment
```

控制台上将显示相同的数据，以及翻译服务添加的一些附加字段。

7.6　使用 Comprehend 分析情绪

测试完 pipeline，便可实现下一个阶段了，即检测入站文本的情绪。这个操作的代码位于 pipeline/sentiment 目录中，它使用 AWS Comprehend 来确定情绪。Serverless 的配置与前面的服务非常相似，所以在这里不再讨论，只是要注意，该配置创建了一个 S3 存储桶来收集负面评论数据，以便进一步处理。

> **情绪分析**
>
> 情绪分析是一个复杂的过程，涉及自然语言处理(NLP)、文本分析和计算语言学。对于计算机来说，这是一项艰巨的任务，因为它涉及基于某种标准检测以文本形式表达的情绪。试分析以下由评论者提供的关于刚入住酒店的感受：
>
> 我们不想离开酒店，想到要回家就会难过。
>
> 虽然这句话表达了对酒店的正面情绪，但如果孤立地看，这句话中的所有词都是消极的。随着深度学习技术的应用，情绪分析也越来越准确。然而，有时仍然需要人工做出判断。
>
> 使用 AWS Comprehend 便可以无惧所有这些复杂性，只需要处理结果，并在 API 无法做出准确判断时协调人工处理即可。

该服务的代码位于 handler.js 中，详细说明参见代码清单 7-18。

代码清单 7-18　情绪分析处理程序

```
{
module.exports.detect = function (event, context, cb) {
  asnc.eachSeries(event.Records, (record, asnCb) => {
    const payload = new Buffer(record.kinesis.data,
      'base64').toString('utf8')          ←——— 从 Kinesis 解压消息
    let message = JSON.parse(payload)
```

```
...
let params = {
  LanguageCode: 'en',
  Text: message.text
}
comp.detectSentiment(params, (err, data) => {     ◄──────    检测情绪
  ...

  if (data.Sentiment === 'NEGATIVE' ||
      data.Sentiment === 'NEUTRAL' ||
      data.Sentiment === 'MIXED') {        ◄──────    将负面的、中性的和
    writeNegativeSentiment(outMsg, (err, data) => {     混合类型的消息写入
      asnCb(err)                                        S3 存储桶
    })
  } else {
    if (data.SentimentScore.Positive < 0.85) {  ◄──    即便是积极的消息,
      writeNegativeSentiment(outMsg, (err, data) => {   也根据置信度进行过
        ...                                             滤, 将较低置信度的
    }                                                   消息写入 S3 存储桶
  })
  ...
}
```

解压消息后,代码调用 Comprehend 来检测消息情绪。任何负面消息都会写入 S3 存储桶以供后续处理。正面消息将被丢弃。但是,此时你可以进行进一步的计算;例如,监控积极情绪与消极情绪的比率,并在异常情况下发出告警。

与所有 AI 服务一样,针对业务问题适当解释返回的置信水平非常重要。在这种情况下,我们决定谨慎行事。这意味着:

- 任何整体负面、中性或混合的消息都被视为负面情绪,并被发送和分类。
- 任何总体置信水平超过 85% 的正面消息都将被丢弃。
- 任何整体置信水平低于 85% 的正面消息都将被视为负面消息,并被发送和分类。

请记住,在这种情况下,一旦分类,未被丢弃的消息将发送给工作人员进行处理。我们可以轻松地更改这些规则以适应业务流程。例如,如果不太关心所有投诉的处理,而只想关注强烈的负面结果,则可以不管置信度,直接丢弃中性和正面的消息。关键是要理解结果有一个相关的置信度,并相应地解释这一点。

现在让我们部署情绪分析服务。执行 cd 命令进入 pipeline/sentiment 目录,再执行如下命令:

```
$ npm install
$ serverless deploy
```

服务部署后,可以通过再次运行 driver 发布一些正面和负面消息来重新测试 pipeline,如代码清单 7-19 所示。

代码清单 7-19　　亚马逊评论数据格式

```
$ cd pipeline/driver
$ node driver.js office pos
 $ node driver.js beauty pos          ←———— 发送积极的信息
$ node driver.js beauty neg
 $ node driver.js auto neg            ←———— 发送负面的信息
```

要检查 pipeline 是否工作正常，可在 driver 目录中运行 streamReader 实用程序，并告诉它这次要从分类流中读取数据：

```
$ node streamReader.js classify
```

这将从分类器流中读取数据并将其显示在控制台上。流读取器代码每秒轮询一次 Kinesis 以显示最新数据。要停止轮询，请按 Ctrl+C 组合键。你会看到消息输出结果，以及来自情绪分析的一些附加数据。请注意，强烈正面的消息将被丢弃，因此并非 driver 发送的所有消息都会进入分类器流。

在此部署之后，pipeline 的当前状态如图 7-13 所示。

提示　尽管我们将翻译和情绪分析服务用作数据管道的一部分，但也可以单独使用这些服务。也许可以考虑在当前的工作中应用这些服务。

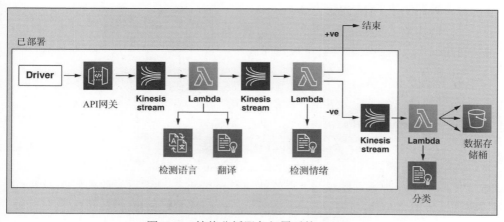

图 7-13　情绪分析服务部署后的 pipeline

7.7　训练自定义文档分类器

在 pipeline 的最后阶段，将使用自定义分类器。分类器可从入站消息文本中确定消息属于哪个部门：汽车、美容、办公用品或宠物部门。从头开始训练分类器是一项复杂的任务，通常需要对机器学习有一定程度的深入了解。幸运的是，AWS Comprehend 使这项工作变得更加轻松。图 7-14 说明了该训练过程。

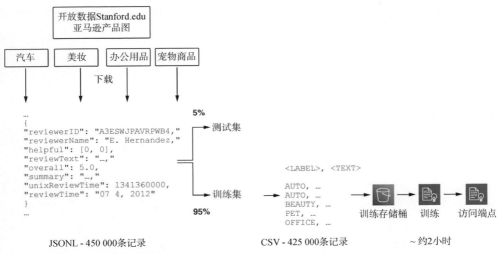

图 7-14　使用 Comprehend 训练自定义分类器的过程

用于训练自定义分类器的所有代码都在 pipeline/training 目录中。训练分类器，需要执行以下操作：

- 创建数据存储桶。
- 将训练数据上传到存储桶。
- 为分类器创建 IAM 角色。
- 运行训练数据来创建分类器。
- 创建端点，从而让分类器可被访问。

文档分类模型

文档分类是将一个或多个类型分配给文档的问题。在这种情况下，文档的范围上至大量手稿下至单个句子。通常使用以下两种方法之一进行分类。

- 无监督分类：基于文本分析对文档进行聚类分析。
- 监督分类：为训练过程提供标记数据，从而构建根据需求定制的模型。

本章使用监督分类来训练模型。通过使用 Comprehend，不需要深入了解训练过程的细节，而只需要为 Comprehend 提供一个带标签的数据集进行训练。

7.7.1　创建训练存储桶

创建训练桶之前，需要更新.env 文件。像以前一样在文本编辑器中打开它，并添加代码清单 7-20 中的命令行，将存储桶名称替换成你自己的存储桶名称。

代码清单 7-20　pipeline 的环境文件

```
CHAPTER7_PIPELINE_TRAINING_BUCKET=<your training bucket name>
```

创建存储桶：请执行 cd 命令进入目录 ipeline/training 目录，并运行以下命令。

```
$ cd pipeline/training
$ npm install
$ cd resources
$ serverless deploy
```

7.7.2　上传训练数据

上一节测试 pipeline 时，数据处理脚本创建了一个用于训练的 CSV 文件。现在需要将其上传到训练存储桶。执行 cd 命令进入 pipeline/testdata 目录并运行：

```
$ source ../.env && aws s3 sync ./data/final s3://
    ${CHAPTER7_PIPELINE_TRAINING_BUCKET}
```

这会将训练数据集推送到 S3 存储桶。请注意，训练文件大约为 200MB，因此上传可能需要一段时间，具体取决于网络上传速度。

训练数据文件只是一个包含一组标签和相关文本的 csv 文件，如代码清单 7-21 所示。

代码清单 7-21　训练数据文件结构

```
<LABEL>, <TEXT>
```

在我们的例子中，标签(Label)为 AUTO、BEAUTY、OFFICE 或 PET 之一。Comprehend 将使用此文件构建一个自定义分类器——该分类器使用文本数据训练模型，并将其与适当的标签进行匹配。

7.7.3　创建 IAM 角色

接下来就到了为分类器创建身份和访问管理(IAM)角色的步骤。这将限制分类器可以访问的 AWS 云服务。创建角色可执行 cd 命令进入 pipeline/training 目录并运行如下脚本：

```
$ bash ./configure-iam.sh
```

这将创建角色并将新创建的角色 ARN 写入控制台。将角色 ARN 添加到.env 文件的操作如代码清单 7-22 所示。

代码清单 7-22　使用角色 ARN 更新 pipeline 环境

```
CHAPTER7_DATA_ACCESS_ARN=<your ARN>
```

注意　AWS 身份和访问管理(IAM)功能在整个 AWS 中无处不在。AWS IAM 定义了整个平台的角色和访问权限。对 IAM 完整的描述超出了本书的范围，可以访问 http://mng.bz/NnAd 查阅完整的 AWS IAM 文档。

7.7.4　训练分类器

现在开始训练分类器。执行此操作的代码位于 pipeline/training/train-classifier.js 中。这段代码简单地调用 Comprehend 的 createDocumentClassifier API，传入数据访问角色、分类器名称和训练数据存储桶的链接，如代码清单 7-23 所示。

代码清单 7-23　训练分类器

```
const params = {                                          ┌─ 设置训练参数
   DataAccessRoleArn: process.env.CHAPTER7_DATA_ACCESS_ARN,
  DocumentClassifierName: process.env.CHAPTER7_CLASSIFIER_NAME,
  InputDataConfig: {
    S3Uri: `s3://${process.env.CHAPTER7_PIPELINE_TRAINING_BUCKET}`
},
   LanguageCode: 'en'
}

comp.createDocumentClassifier(params, (err, data) => {  ◄──┐ 开始训练
  ...
```

开始训练：请执行 cd 命令进入 pipeline/training 目录并运行如下脚本。

```
$ bash ./train.sh
```

此时需要注意的是，训练过程可能需要一段时间才能完成，通常需要一个多小时。你可以通过在同一目录中运行 status.sh 脚本来检查训练过程的状态。分类器训练完成后，该脚本将输出 TRAINED 状态。

7.8　使用自定义分类器

现在已完成分类器训练，接下来继续完成 pipeline 的最后一个阶段：部署一个分类服务来调用新训练的自定义分类器。回想一下，我们已经确定了消息的语言，根据需要将消息翻译成英文，并进行过滤，从而在存储桶中仅包含负面消息。现在需要通过运行新训练的分类器来确定这些消息与哪个部门相关。

为了使分类器可用，我们需要创建一个访问端点。通过在 pipeline/training 目录中运行 endpoint.sh 脚本来生成这个端点地址：

```
$ cd pipeline/training
$ bash ./endpoint.sh
```

警告　创建分类器的端点后，需要按使用小时进行付费，因此请确保在使用完成后删除本章的所有资源！

在部署分类服务之前，我们需要更新 .env 文件以提供输出存储桶的名称。在文本编辑器中打开它并编辑代码清单 7-24 中的命令行，使用你命名的存储桶名称

替换此处的存储桶名。

代码清单 7-24　Pipeline 处理存储桶

```
CHAPTER7_PIPELINE_PROCESSING_BUCKET=<your processing bucket name>
```

输出分类服务的代码位于 pipeline/classify 目录下。这里有服务的 serverless.yml 和 handler.js 文件。代码清单 7-25 显示了如何在服务的主处理程序函数中执行分类器。

代码清单 7-25　调用自定义分类器端点

```
...
  let params = {                                                 ← 将端点 ARN 添加到参数中
    EndpointArn: process.env.CHAPTER7_ENDPOINT_ARN,
    Text: message.text
  }
  comp.classifyDocument(params, (err, data) => {                 ← 通过端点调用分类器
  if (err) { return asnCb(err) }        处理结果
  let clas = determineClass(data)       ←
  writeToBucket(clas, message, (err) => {  ←
    if (err) { return asnCb(err) }                               将消息写入输出存储桶
    asnCb()
  })
})
...
```

我们已经训练了自己的自定义分类器，它的使用模式与之前遇到的其他服务类似，因此代码应该看起来很熟悉。代码清单 7-25 中调用的函数 determineClass 详见代码清单 7-26 所示。

代码清单 7-26　解读自定义分类的结果

```
function determineClass (result) {
  let clas = classes.UNCLASSIFIED
  let max = 0
  let ptr

  result.Classes.forEach(cl => {                    ← 找出得分最高的分类
    if (cl.Score > max) {
      max = cl.Score
      ptr = cl
    }
  })
  if (ptr.Score > 0.95) {                           ← 只接受大于 95% 的分数
    clas = classes[ptr.Name]
  }
  return clas
}
```

假设得分大于 95%，该函数将返回得分最高的分类类别。否则将返回未分类

的结果。重要的是要注意，与我们遇到的其他服务一样，置信水平的解释是特定
于具体领域的。在这种情况下，我们选择了高准确度(大于 95%)。未分类的结果
需要由人工处理，而不是直接发送到部门。

部署分类服务：请执行 cd 命令进入 pipeline/classify 目录并运行如下命令。

```
$ npm install
$ serverless deploy
```

现在已经完全部署了 pipeline。在本章的最后一步，将进行端到端的测试。

7.9 pipeline 的端到端测试

为了测试完整 pipeline，首先应将一些数据推送到其中。我们可以像以前一样
使用 test driver 来完成该操作。执行 cd 命令进入 pipeline/driver 目录，通过运行如
下命令推送一些数据：

```
$ node driver.js [DEPT] [POS | NEG]
```

这样做几次，替换随机的部门名称：auto、beauty、office 或 pet。此外，随机
使用积极消息和消极消息。消息流经 pipeline，负面消息将被发送到以下 5 个存储
桶之一：auto、beauty、office、pet 或 unclassified。我们提供了一个脚本来帮助检
查结果。执行 cd 命令进入 pipeline/driver 目录并运行如下命令：

```
$ node results.js view
```

这将从存储桶中获取输出结果，并将它们输出到控制台。 你会看到类似于以
下内容的输出：

```
beauty
I'm not sure where all these glowing reviews are coming from...
NEGATIVE
{
   Positive: 0.0028411017265170813,
   Negative: 0.9969773292541504,
   Neutral: 0.00017945743456948549,
   Mixed: 0.0000021325695342966355
}

office
I bought this all in one HP Officejet for my son and his wife...
NEGATIVE
{
   Positive: 0.4422852396965027,
   Negative: 0.5425800085067749,
   Neutral: 0.015050739049911499,
   Mixed: 0.00008391317533096299
}
```

```
unclassified
didnt like it i prob will keep it and later throw it out...
NEGATIVE
{
    Positive: 0.00009981004404835403,
    Negative: 0.9993864297866821,
    Neutral: 0.0005127472686581314,
    Mixed: 9.545062766846968e-7
}
```

请记住，只有负面消息才会出现在结果存储桶中。积极或正面的消息会被情绪过滤器丢弃。花一些时间查看结果，可以发现一些消息进入 unclassified，这意味着对该消息的分类置信度低于 95%。

该流程的下一个步骤是根据 pipeline 的输出结果，向适当的部门发送警报电子邮件。这可以使用 Amazon 的 SES(简单电子邮件服务)服务轻松完成，我们将此作为练习留给读者自行完成。

作为进一步的练习，你可以编写一个脚本来将大量数据推送到 pipeline 中，并查看系统的运行结果。你还可以尝试编写自己的评论或"推文"，并将它们发送到 pipeline 中，以确定系统在使用不同的数据源时，依旧提供准确的输出结果。

7.10　删除 pipeline

完成 pipeline 之后，请务必将其删除，以避免产生额外的费用。为此，我们提供了一些脚本，这些脚本将删除 chapter7/pipeline 目录中与 pipeline 相关的所有元素。执行 cd 命令进入这个目录并运行如下命令：

```
$ bash ./remove-endpoint.sh
$ bash ./check-endpoint.sh
```

该命令将删除端点，可能需要几分钟才能完成。你可以重新运行 check-endpoint.sh 脚本。正在删除的端点会显示 DELETING 状态。当脚本不再列出端点时，便可以通过运行如下命令，继续删除系统的其余部分：

```
$ bash ./remove.sh
```

这将删除此部分中部署的自定义分类器和所有其他资源。请务必检查脚本是否确实删除了所有资源。

7.11　使用自动化的优势

让我们花点时间思考公司如何从这种类型的处理中受益。截至 2019 年 4 月，Amazon.com 已拥有一个包含数亿个列表的产品目录。假设有一个小零售商，他有多个不同部门共 500 000 件商品。假设客户通过以下 5 个渠道提供反馈：

- Twitter
- Facebook
- 网站评价
- 电子邮件
- 其他途径

假设平均每天有 2% 的产品会在这些渠道中受到某些关注。这意味着该公司每天有大约 50 000 条反馈需要审查和处理，这相当于每年要处理 18 250 000 条个人反馈。

假设一个人平均需要两分钟来处理一条反馈，那么在一个标准的 8 小时工作日内，一个人只能处理 240 条反馈信息。这意味着需要一个超过 200 人的团队来手动处理所有反馈项目。

我们的 AI pipeline 可以一年 365 天、一天 24 小时轻松处理这种负载，从而显著降低成本和工作量。

希望本章能激励你进一步研究如何将 AI 即服务用于解决日常工作中的此类问题。

7.12　本章小结

- 将 AI 即服务应用于现有系统，有多种架构模式：
  - — 同步 API
  - — 异步 API
  - — 流输入
  - — 全连接流
- 可使用 AWS Textract 从文档中提取关键文本信息。我们在从护照扫描中提取信息的案例中演示了这项功能。
- 以现有电子商务/零售平台为例，可以使用 Kinesis 和 Lambda 构建支持 AI 的数据处理 pipeline。
- AWS Translate 可用于即时翻译。
- 可使用来自 Amazon 的产品评论数据构建情绪分析服务。
- 可使用 Comprehend 通过将 Amazon 评论数据拆分为训练和测试集来构建文档分类器。
- 将所有这些技术结合到一个数据处理 pipeline 中，就形成了一个可以翻译、过滤和分类数据的系统。这是一个组合多个 AI 服务以实现业务目标的示例。

警告　请确保已完全删除本章部署的所有云资源，以免产生额外费用。

第Ⅲ部分 将所学知识整合起来

在第 8 章中，我们将构建一个无服务器网络爬虫，并学习与数据收集相关的一些挑战。在第 9 章中，我们使用 AI 即服务来分析无服务器爬虫抓取的数据，并研究如何有效地编排和控制分析任务。希望这些具有挑战性的任务能够为你带来收获和启发。

掌握了这一部分内容，就可以跟上当前最先进的技术潮流，并随时在工作中应用这些工具、服务和技术。祝好运！

第 *8* 章

为AI应用大规模收集数据

本章主要内容：

- 为人工智能应用程序选择数据源
- 构建无服务器网络爬虫以查找大规模数据的来源
- 使用 AWS Lambda 从网站中提取数据
- 了解大规模数据收集的合规性、法律法规及相关注意事项
- 使用 CloudWatch Events 作为事件驱动型无服务器的系统总线
- 使用 AWS Step Functions 执行服务编排

第 7 章讨论了自然语言处理(NLP)技术在产品评论中的应用。其中展示了如何使用无服务器架构中的流数据通过 AWS Comprehend 实现文本的情绪分析和分类。本章将重点关注数据收集。

据统计，数据科学家花费 50%～80%的时间来收集和准备数据[1, 2]。许多数据科学家和机器学习从业者认为，在执行分析和机器学习时，寻找高质量的数据，并正确准备数据是面临的最大挑战。很明显，应用机器学习的价值只取决于输入算法的数据质量。在开始开发任何人工智能解决方案之前，有几个关键的问题需

1　Gil Press，"Cleaning Big Data: Most Time-Consuming，Least Enjoyable Data Science Task，Survey Says"，Forbes，2016 年 3 月 23 日，https://www.forbes.com/sites/gilpress/2016/03/23/data-preparation-most-timeconsuming-least-enjoyable-data-science-task-urvey-says。

2　Steve Lohr，"For Big-Data Scientists,'Janitor Work'Is Key Hurdle to Insights"，New York Times，2014 年 8 月 17，https://www.nytimes.com/2014/08/18/technology/for-big-data-scientists-hurdle-to-insights-is-janitorwork.html。

要回答:

- 需要什么数据,它们的格式是怎样的?
- 可用的数据来源有哪些?
- 如何清洗数据?

对数据收集概念的良好理解是功能性机器学习应用程序的关键。学会根据应用程序的需求获取和调整数据,可大大增加获得所需结果的机会。

8.1　场景:寻找会议和演讲者

很多软件开发人员都面临这样一个问题:寻找相关的会议参加。不妨建立一个系统来解决这个问题,帮助用户搜索感兴趣的会议,并查看谁在会议上发言、地点在哪里以及何时举行。我们还可以将其扩展为向搜索或"喜欢"相关活动的用户推荐会议[1]。

构建这样一个系统的第一个挑战是收集和整理会议事件的数据。此类数据没有现成的、完整的、结构化的来源。可以使用互联网搜索引擎找到相关活动的网站,但随之而来的是查找和提取活动地点、日期、演讲者和主题信息等问题。这是应用网络爬虫和抓取信息的绝佳机会,需求总结如图 8-1 所示。

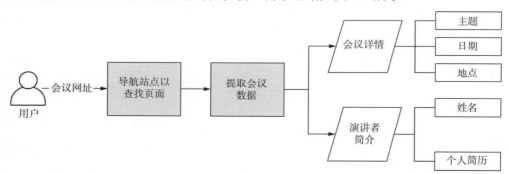

图 8-1　数据收集应用程序将抓取会议网站信息,并提取会议和发言人信息

8.1.1　识别所需数据

识别数据的第一步是从要解决的问题开始。如果你对将要实现的目标有一个清晰的概念,那么就从那里开始入手,并确定需要哪些数据以及它应该具有哪些属性。所需的数据类型受以下两个因素的显著影响:

- 是否需要训练和验证?
- 如果需要,数据是否必须被标记?

---

1 这对读者来说是一个有趣的挑战。AWS Personalize 服务(在撰写本文时,其在 Developer Preview 中可用)是一种托管机器学习推荐服务,看起来很适合这个应用程序。

在本书中，我们一直在使用托管 AI 服务。这种方法的一个主要优点是它通常不需要对模型进行训练。不需要你使用自己的数据进行训练的服务，都带有预训练的模型，这些模型可以与你的测试数据集一起使用。其他情况则可能需要首先完成模型训练的步骤。

训练数据、验证数据以及测试数据。 在机器学习模型的开发中，一个数据集通常被分为 3 组，如图 8-2 所示。

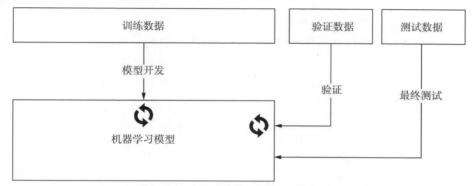

图 8-2　模型开发和测试期间的训练、验证和测试数据

大部分数据，即训练集，用于训练算法。验证集(或开发集)用于选择算法并衡量其性能。最后，测试集是一个独立的数据集，用于检查算法对模型未见过的数据的泛化程度。

你可能还记得第 1 章中关于监督学习和无监督学习的介绍。了解你正在使用哪种方法很重要，因为监督学习需要用标签对数据进行注释。

在第 1 章中，我们展示了一张托管 AWS AI 服务的表格。该表在附录 A 中进行展开介绍，并列举每个服务的数据要求和训练支持。在规划你的 AI 应用程序时，可以将此作为参考。

如果你不使用人工智能服务，而是选择一种算法，并训练一个定制模型，那么收集和准备数据所需的工作量是巨大的。如果想让模型对测试数据产生比较理想的预测结果，需要考虑很多因素。

选择有代表性的数据

选择数据训练机器学习模型时，确保数据具有广泛的数据代表性至关重要。当通过数据作出的预测导致了有偏差的结果时，问题就出现了。选择好的训练数据对于减少过拟合很重要。当模型过于依赖特定训练数据集而不能泛化时，就会发生过拟合。

华盛顿大学的一个研究小组通过训练机器学习模型检测图片中是否包含狼或哈士奇狗的实例，来说明选择偏差问题。通过故意选择背景为雪地的狼图片和背景为草地的哈士奇狗图片,他们训练了一种实际上仅能检测草地背景与雪地背景的有效算法。当他们将结果呈现给一组测试对象时,人们仍然表示他们相信算法检测哈士奇和狼的能力[1]。

我们也知道,使用带有人类偏见输出系统的数据进行训练,可能会导致算法继承有害的社会偏见。微软的"Tay"Twitter 机器人在开始生成种族主义、仇恨的推文后被关闭,就是一个臭名昭著的例子[2]。

可以应用一些规则来选择好的数据。

- 数据应该具有更广泛的场景的表示(例如非雪地背景上的哈士奇)。
- 分类:应该有足够的、最好是大致相等的所有类的表示。
- 标签:考虑标签是否可以毫无歧义地分配,或者如果不能,如何处理它。你可能会遇到标签分配不明确的情况(例如,"那是哈士奇还是狗?")。
- 定期手动检查合理大小的随机选择数据,以验证没有发生任何意外。值得为此花一些时间,因为糟糕的数据永远不会产生好的结果。

在本书中,我们主要关注使用预训练的托管服务。为了更深入地了解机器学习训练优化、数据整理和特征工程,我们推荐学习 2017 年由曼宁出版社出版,Brink、Richards 和 Fetherolf 编著的 *Real-World Machine Learning* 一书。

8.1.2　数据来源

第 1 章中讨论的关键点之一是,海量数据的可用性如何促使 AI 技术在近些年取得成功。互联网本身是一个公共数据源,通过在日常生活中使用互联网,我们不断地为越来越多的令人难以置信的详细数据作出贡献。大型科技公司(谷歌、Facebook、亚马逊)在人工智能领域取得了巨大成功。这其中的一个重要因素是他们在数据访问和数据收集方面的专业知识[3]。对于其他人来说,有很多方法可以为 AI 应用程序获取数据。附录 C 收录了许多公共数据集和其他数据源的列表。

8.1.3　为模型训练准备数据

收集训练数据后,还有很多工作要做。

- 处理缺失的数据。你可能需要删除记录、内插或外推数据,或使用其他一些方法来避免缺失数据的问题。在其他情况下,最好将缺失的字段

1　Ribeiro,Singh and Guestrin,"'Why Should I Trust You?'Explaining the Predictions of Any Classifier",华盛顿大学,2016 年 8 月 9 日,https://arxiv.org/pdf/1602.04938.pdf。

2　Ashley Rodriguez,"Microsoft's AI millennial chatbot became a racist jerk after less than a day on Twitter",Quarts,2016 年 3 月 24 日,http://mng.bz/BED2。

3　Tom Simonite,"AI and'Enormous Data'Could Make Tech Giants Harder to Topple",《连线》杂志,2017 年 7 月 13 日,http://mng.bz/dwPw。

留空，因为这可能是算法的重要输入。有关这个主题的更多信息，请查看 John Mount 和 Nina Zumel 编著的 *Exploring Data Science* 的第 1 章"Exploring Data"[1]。

- 以正确的格式获取数据。这可能意味着对日期或货币值应用一致的格式。在图像识别中，这可能意味着裁剪、调整大小和更改颜色格式。许多预训练的网络是在 224×224 RGB 数据上训练的，如果你想分析非常高分辨率的数据(调整图像尺寸会丢失过多细节信息)，那么可能必须对网络进行修改。

我们已经简要介绍了一些可供机器学习工程师使用的数据源。应该清楚的是，互联网一直是大规模数据量的主要来源。许多互联网数据无法通过 API 或结构化文件获得，而是发布在通过网络浏览器浏览的网站上。从这个宝库中收集数据需要使用爬取、抓取和提取等技术。这是我们接下来要讨论的主题。

8.2　从网络收集数据

本章的后部将更详细地介绍如何从网站收集数据。尽管某些数据可能以预先打包的结构化格式提供，可以作为文本文件或通过 API 访问，但网页数据并非如此。

网页是非结构化的信息来源，例如产品数据、新闻文章和财务数据。查找正确的网页、检索它们并提取相关信息并非易事。执行这些操作所需的过程称为网络爬取和网络抓取：

- 网络爬取是根据特定策略，获取网络内容并导航到链接页面的过程。
- 网页抓取遵循抓取过程，从已获取的内容中提取特定数据。

图 8-3 显示了这两个过程如何结合，从而产生有意义的结构化数据。

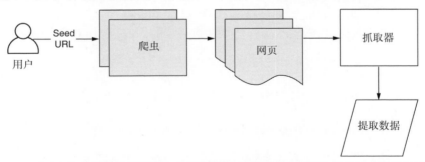

图 8-3　网页爬虫和抓取过程概述。本章将重点关注图例中的爬虫部分以及输出的页面

回到本章开头的会议发言人信息收集场景。接下来将为此场景创建解决方案。

1　*Exploring Data Science*，John Mount 和 Nina Zumel 编著，曼宁出版社，2016 年，https://www.manning.com/books/exploring-data-science。

第一步，构建一个无服务器网络爬虫系统。

8.3　网络爬虫简介

在这个场景，我们将使用一个通用的爬虫。通用爬虫可以爬取任何结构未知的站点。特定网站的爬虫通常是为大型站点创建的，具有用于发现链接和内容的特定选择器。特定站点爬虫的一个例子是从 amazon.com 爬取特定产品或从 ebay.com 爬取拍卖的爬虫。

众所周知的爬虫例子包括：

- 搜索引擎，例如 Google、Bing、Yandex 或百度
- GDELT 项目(https://www.gdeltproject.org)，一个关于人类社会和全球事件的开放数据库
- OpenCorporates (https://opencorporates.com)，世界上最大的公司开放数据库
- 互联网档案馆(https://archive.org)，一个互联网网站和其他数字形式的文化文物的数字图书馆
- CommonCrawl (https://commoncrawl.org/)，一个开放的网络爬虫数据存储库

网络爬虫的一项挑战是要访问和分析的网页数量庞大。在执行爬虫任务时，可能需要非常大的计算资源。一旦抓取过程完成，计算资源需求就会下降。这种弹性的突发计算需求非常适合采用按需的、云计算和无服务器解决方案。

8.3.1　典型的网络爬虫过程

要了解网络爬虫的工作原理，可先思考用户如何在网络浏览器手动导航网页：

(1) 用户将网页 URL 输入 Web 浏览器中。

(2) 浏览器获取页面的第一个 HTML 文件。

(3) 浏览器解析 HTML 文件，从而查找其他所需的内容，例如 CSS、JavaScript 和图像。

(4) 页面中显示链接。当用户点击链接时，系统会为新的 URL 重复上述过程。

代码清单 8-1 显示了一个非常简单的示例网页的 HTML 源代码。

代码清单 8-1　示例网页的 HTML 源代码

```
<!DOCTYPE html>
<html>
  <body>
    <a href="https://google.com">Google</a>
    <a href="https://example.com/about">About</a>
    <a href="/about">About</a>

    <img src="/logo.png" alt="company logo"/>
```

外部链接

内部链接的绝对地址

内部链接的相对地址

图像资源

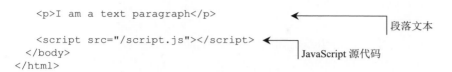

```
    <p>I am a text paragraph</p>
    <script src="/script.js"></script>
  </body>
</html>
```

段落文本

JavaScript 源代码

　　我们已经展示了一个非常基本的页面结构。实际上，单个 HTML 页面可以包含数百个内部和外部超链接。为给定应用程序爬取的一组必要页面称为爬取空间 (crawl space)。接下来谈谈典型的网络爬虫的架构，以及如何构建用来处理各种大小的爬取空间的架构。

8.3.2　网络爬虫架构

　　典型的网络爬虫架构如图 8-4 所示。在讲述如何使用无服务器方法实现之前，先来了解架构的每个组件，以及它与会议网站场景的关系。

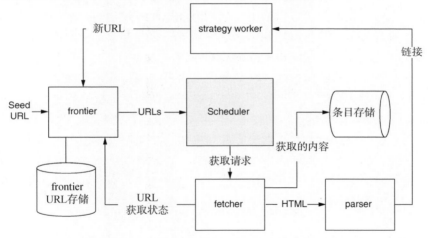

图 8-4　网络爬虫的组件。每个组件都有不同的职责，并在软件架构中各司其职

- frontier 用于维护爬取 URL 的数据库。其最初由会议网站填充。站点上各个页面的 URL 都添加到这里。
- fetcher 用于获取一个 URL 并检索相应的文档。
- parser(解析器)对获取的文档进行解析，并从中提取所需的信息。在这里，我们不会寻找特定的演讲者的详细信息或任何特定于会议的信息。
- strategy worker 或 generator 是网络爬虫最关键的组件之一，因为它决定了爬取空间。strategy worker 生成的 URL 被反馈到 frontier。strategy worker 决定如下内容：

　　— 应该关注哪些链接

    — 被爬取链接的优先级

    — 爬取深度

    — 如果需要，何时重新访问/重新爬取页面

● 条目存储用来存储提取的文档或数据。

● scheduler(调度器)获取一组 URL——最初是 seed URL，并调度 fetcher 下载资源。调度器负责规范爬虫对网络服务器的行为：不获取重复的 URL，并且 URL 是规范化的。

爬虫真的适合无服务器架构吗？

此时你对无服务器架构是否真的是实现网络爬虫的有效选择持有怀疑是有道理的。大规模运行的网络爬虫需要快速、高效的存储、缓存，并为多个资源密集型页面渲染过程提供充足的计算能力。另一方面，无服务器应用程序的典型特征是周期短、事件驱动型计算以及缺乏快速的本地磁盘存储。

那么，本章中的系统是否可以应用在生产环境中，还是我们正在进行一项疯狂的实验，看看我们可以将云原生意识形态发挥到什么程度？！使用更传统的服务器"农场"，例如 Amazon Elastic Compute Cloud(EC2)实例，具有明显的优势。如果爬网需求需要大量持续运行的工作负载，那么最好选择传统方法。

我们必须谨记维护和运行这个基础设施、操作系统和任何底层框架的隐藏成本。此外，我们的爬取场景用于按需提取有关特定会议网站的数据。这种"突发"行为适用于弹性、效用计算范式。从缓存的角度来看，无服务器实现可能不是最佳的，但对于我们的场景，这不会产生重大影响。我们对这种方法非常满意，因为在系统未运行时，无须支付任何费用，而且不必担心操作系统补丁、维护或容器编排以及服务发现。

我们的网络爬虫处理的是会议信息。因为这些网页只占所有网站的一小部分，所以没有必要去爬取整个网站。我们将为爬虫提供一个"seed"URL。

对于会议站点本身，我们仅爬取本地的超链接，而不会跟踪跳转到外部域的超链接。我们的目标是找到包含所需数据的页面，比如演讲者信息和日期，对爬取整个会议站点不感兴趣。出于这个原因，在链接图中到达给定深度后，将使用深度限制停止爬取。爬取深度是指自 seed URL 起跟踪的链接的数量。深度限制将阻止爬取进程超过指定的深度。

基本爬虫与渲染爬虫

基本爬虫将只获取 HTML 页面，不会评估 JavaScript。这会带来更简单和更快的爬网过程。但是，这也可能会导致我们忽略有价值的数据。

现在，通过 JavaScript 在浏览器中动态呈现网页是很常见的。使用 React 或

Vue.js 等框架的单页应用程序(SPA)就是这样的例子。一些站点使用这些框架的服务器端呈现,而其他站点执行预呈现,从而将完全呈现的 HTML 作为搜索引擎优化(SEO)技术返回给搜索引擎爬虫。我们不能指望这些技术的普及。由于这些原因,我们选择完整呈现网页,包括 JavaScript 评估。

在无需人工参与的情况下,有许多用于呈现网页的选择。

- Splash(https://scrapinghub.com/splash),一种专为网页抓取应用程序设计的浏览器。
- 带有 Puppeteer API 的 Headless Chrome(http://mng.bz/r2By)。其可简单运行流行的 Chrome 浏览器,并允许以编程方式对它进行控制。
- 带有 Selenium(https://www.seleniumhq.org)的 Headless Firefox(http://mng.bz/V8qG)。它是基于 Firefox 的 Puppeteer 替代方案。

我们的解决方案将使用 headless Chrome。这是因为有现成的无服务器框架插件可用于 AWS Lambda。

网络爬虫需要注意的法律及合规性

网络爬取的合法性是一个有争议的领域。一方面,网站所有者正在公开提供内容。另一方面,粗暴的抓取会对站点的可用性和服务器负载产生不利影响。毋庸置疑,以下内容不代表法律建议,仅是一些被视为"礼貌行为"的最佳实践。

- 使用 User-Agent 字符串识别你的爬虫。为网站所有者提供与你联系的方式,例如 AIaaSBookCrawler/1.0;https://aiasaservicebook.com。
- 重视网站的 robots.txt。网站所有者会在该文件中说明哪些网页可以爬取以及哪些网页不可以爬取[1]。
- 使用网站的 API(如果可用),而不是网页爬取。
- 限制每个域每秒的请求数。
- 如果网站所有者提出停止爬取要求,立即执行。
- 仅爬取可公开访问的内容。切勿使用登录凭据。
- 使用缓存减少目标服务器上的负载。不要在短时间内重复获取同一页面。
- 从网站收集的材料通常带有版权并受到知识产权法的保护。一定要重视这一点。

特别是,我们需要确保:已限制每个域/IP 地址的并发性;两次请求之间已设置合理的延迟。这些要求都是无服务器爬虫架构中的考虑因素。

在撰写本文时,AWS 可接受使用策略严禁"因监视或爬取系统致使被监视或被爬取的系统受损或中断"(https://aws.amazon.com/aup/)。

还要注意的是,有些网站实施了防网页爬取的机制。这可以通过检测 IP 地址或

---

1 有关 robots.txt 的更多信息,请参阅 http://www.robotstxt.org。

用户代理来完成。像 CloudFlare(https://www.cloudflare.com/products/bot- management/)
或谷歌 reCaptcha(https://developers.google.com/recaptcha/docs/invisible)之类的解决
方案使用了更复杂的方法。

8.3.3　无服务器网络爬虫架构

让我们首先看看如何将系统映射到第 1 章开发的规范体系结构。图 8-5 提供
了细分的系统层，以及服务如何协作以交付解决方案。

图 8-5　无服务器网络爬虫系统架构。该系统由使用 AWS Lambda 和 AWS Step Functions 实现
的自定义服务组成。SQS 和 CloudWatch Events 服务用于异步通信。内部 API 网关用于同步通
信。S3 和 DynamoDB 用于数据存储

系统架构显示了跨所有服务的系统层。请注意，此系统中没有前端 Web 应用程序：

- frontier 和获取服务中的同步任务是使用 AWS Lambda 实现的。我们首次引入 AWS Step Functions 实现调度程序。它将负责根据 frontier 数据编排 fetcher。
- strategy 服务是异步的，对事件总线上的事件作出反应，表明已发现新的 URL。
- 系统中内部服务之间的同步通信由 API 网关处理。我们选择了 CloudWatch events 和 SQS 进行异步通信。
- 共享参数发布到系统管理器参数存储。IAM 用于管理服务之间的权限。
- DynamoDB 用于 frontier URL 存储。S3 存储桶用作我们的项目存储。

提示 如果你想了解有关网络爬取的更多信息，请查看 Satnam Alag 编著的 *Collective Intelligence in Action* 的第 6 章 "Intelligent Web Crawling"[1]。

自建还是购买？评估第三方托管服务

写一本书支持托管服务的优点，强调关注核心业务逻辑的重要性，并且还专门用一章从头开始构建网络爬虫，这有一定的讽刺意味。

我们的爬虫非常简单，而且是特定领域的。这是编写我们自己的爬虫实现的一个理由。然而，我们从经验中知道，简单的系统会随着时间的推移而变得复杂。因此，程序实现应尽力而为。以下是现代应用程序开发的两条经验法则：

- 尽量减少代码量。你编写的大部分代码都应该关注独特的业务逻辑。在可能的情况下，避免为系统的任何部分编写代码，这些部分是在许多其他软件系统中实现的，通常称为"无差异的繁重工作"[2]。
- 使用云托管服务。虽然可以通过使用库、框架和组件来遵循上面的原则，但它们可能有各自的维护负担，你仍然需要维护它们运行的基础架构。与云托管服务集成可以减轻这一重大负担。

此类服务可以在你选择的云提供商的范围之外找到。即使 Amazon Web Services 没有现成的 Web 爬取和抓取服务，也可以选择评估 AWS 以外的第三方产品。对于你正在考虑构建的任何服务，这都是一项有价值的练习。例如，如果

---

1 *Collective Intelligence in Action*，Satnam Alag 著，曼宁出版社，2019 年，http://mng.bz/xrJ。

2 "无差异的繁重工作"一词的起源尚不清楚。然而，亚马逊 CEO Jeff Bezos 在 2006 年 Web 2.0 峰会的演讲中提到了这一点。他说："我们相信今天创造新产品是 70% 的失败和 30% 的创新。我们希望扭转这一比例。"（来源：Dave Kellogg，Web 2.0 峰会：Jeff Bezos，2006 年 11 月 8 日，http://mng.bz/Az2x）。

你想在应用程序中实现搜索功能，可以考虑完全托管的 Elasticsearch 服务，例如 Elastic(https://www.elastic.co)或者考虑托管搜索和发现 API，例如 Algolia(https://www. algolia.com/)。

如果你有兴趣评估第三方网络抓取服务，请查看以下内容。

- Grepsr (https://www.grepsr.com)
- Import.io (https://www.import.io)
- ScrapingHub ScrapyCloud (https://scrapinghub.com/scrapy-cloud)

8.4 实现条目存储

我们将从最简单的服务——条目存储，开始爬虫实现练习。作为我们会议站点抓取过程的一部分,条目存储将存储从每个会议网站上爬取的每个页面的副本。首先，获取代码，以便进行更详细的研究。

8.4.1 获取代码

条目存储的代码位于 chapter8-9/item-store 目录中。与前面的示例类似，这个目录包含一个 serverless.yml 文件来声明 API、函数和其他资源。在部署和测试条目存储之前，我们将解释其中的内容。

8.4.2 条目存储桶

首先让我们了解一下条目存储对应的 serverless.yml 文件，其中只有一个 S3 存储桶，没有其他的内容，因为我们正在实现尽可能简单的存储。

其他服务可能会直接写入存储桶或列出对象并使用 AWS SDK S3 API 获取对象。所需要的只是它们在其 IAM 角色和策略中拥有正确的权限。

8.4.3 部署条目存储

部署条目存储很简单，鉴于我们正在部署一个 S3 存储桶，应在 Chapter8-9 目录中的.env 文件中定义其全局唯一名称：

```
ITEM_STORE_BUCKET=<your bucket name>
```

不必进一步配置。默认区域是 eu-west-1。如果要指定不同的区域，请使用 serverless deploy 命令的--region 参数进行设置：

```
npm install
serverless deploy
```

到此，条目存储部署已经准备就绪。让我们继续爬虫应用程序中的下一个服务。

8.5 创建 frontier 来存储和管理 URL

我们的 frontier 将存储所有会议站点的 seed URL 和在爬取过程中新发现的 URL，使用 DynamoDB 进行存储。我们的目标是利用 DynamoDB 的 API 进行插入和查询，并在其顶部设置最少的抽象层。

8.5.1 获取代码

frontier 服务的代码位于 chapter8-9/frontier-service 目录中。该目录包含一个 serverless.yml 文件，用于声明 API、函数和其他资源。在部署和测试 frontier 服务之前，我们将解释其中的内容。

8.5.2 frontier URL 数据库

frontier URL 数据库存储所有打算获取、已获取或未能获取的 URL。该服务需要有一个支持以下操作的接口：

- 插入 seed URL。
- 将 URL 的状态更新为 PENDING、FETCHED 或 FAILED。
- 插入一批新发现的被认为符合获取条件的 URL(链接)。
- 获取给定 seed URL 对应的一组 URL，由状态参数和最大记录数对结果进行过滤。

我们的 frontier 数据库的数据模型如表 8-1 所示。

表 8-1 frontier URL 数据库示例

seed	URL	状态	深度
http://microxchg.io	http://microxchg.io	FETCHED	0
http://microxchg.io	http://microxchg.io/2019/index.html	FETCHED	1
http://microxchg.io	http://microxchg.io/2019/allspeakers.html	PENDING	2
https://www.predictconference.com	https://www.predictconference.com	PENDING	0

在这种情况下，我们的"主键"是 seed 和 URL 的组合。seed 属性是分区键或散列，而 url 属性是排序键或范围。这确保我们不会向数据库中插入重复项。

除了表键之外，我们还将定义一个二级索引。这使我们能够根据 seed URL 和状态快速搜索。

从表 8-1 的示例数据中可以看出，url 字段中包含了完整的 URL，而不仅仅是相对路径。这使我们可以在将来支持从 seed 链接的外部 URL，并避免在获取内容时必须重新构建 URL 的不便。

frontier 表的 DynamoDB 表资源定义可以在服务的 serverless.yml 文件中找到，如代码清单 8-2 所示。

代码清单 8-2   frontier DynamoDB 表定义

```
frontierTable:
    Type: AWS::DynamoDB::Table
    Properties:
      TableName: ${self:provider.environment.FRONTIER_TABLE}        表名定义为 frontier
      AttributeDefinitions:
       - AttributeName: seed
         AttributeType: S
       - AttributeName: url
         AttributeType: S
       - AttributeName: status
         AttributeType: S                    表的键由 seed 和 url
      KeySchema:                             属性组成
        - AttributeName: seed
          KeyType: HASH
        - AttributeName: url
          KeyType: RANGE
      LocalSecondaryIndexes:
        - IndexName: ${self:provider.environment.FRONTIER_TABLE}Status
          KeySchema:
            - AttributeName: seed          二级索引 frontierStatus 被定义为允许使
              KeyType: HASH                用 seed 和 status 属性执行查询
            - AttributeName: status
              KeyType: RANGE
          Projection:
            ProjectionType: ALL            在这种情况下，选择具有 5 个读取和写入
      ProvisionedThroughput:               容量单位的预配置吞吐量。或者，可以指
        ReadCapacityUnits: 5               定 BillingMode: PAY_PER_REQUEST 来
        WriteCapacityUnits: 5              处理不可预测的负载
```

无服务器数据库

我们已经展示了一些使用 DynamoDB 的示例。DynamoDB 是一个 NoSQL 数据库，适用于存储非结构化文档。在 DynamoDB 中对关系数据建模是可能的，而且有时是非常有效的[1, 2]。一般来说，如果你对数据的访问方式有清晰的了解，并且可以设计键和索引，从而适应访问模式，则使用 DynamoDB 是很好的选择。存储结构化数据，但希望将来支持任意访问模式，则应该选择关系数据库，因为这是结构化查询语言(SQL，RDBMS 支持的接口)非常擅长的。

---

1   Amazon 在其博客上有一个关于在 DynamoDB 中使用关系模型的示例：http://mng.bz/RMGv。

2   Rick Houlihan 的 AWS re:Invent 2018 演讲 "Amazon DynamoDB 深入探讨：DynamoDB 的高级设计模式(DAT401)" 中涵盖了许多高级 DynamoDB 主题，包括关系建模(https://www.youtube.com/watch?v=HaEPXoXVf2k)。

关系数据库针对较少数量的来自服务器的长时间运行的连接进行了优化。因此，来自 Lambda 函数的大量短期连接会导致性能下降。作为 serverful RDBMS 的替代方案，Amazon Aurora Serverless 是一种无须预置实例的无服务器关系数据库解决方案。它支持自动缩放和按需访问，允许你按秒付费。还可以在 Lambda 函数(http://mng.bz/ZrZA)中使用 AWS SDK，通过数据 API 对 Aurora Serverless 执行查询。此解决方案避免了创建短期数据库连接的问题。

8.5.3 创建 frontier API

我们已经介绍了作为 frontier 服务核心的 DynamoDB 表，还需要一种将会议站点的 URL 导入系统的方法。现在看一下 API 网关和 Lambda 函数，它们允许外部服务与 frontier 交互，从而实现这一点。

frontier 服务支持的 API 如表 8-2 所示。

表 8-2　frontier 服务 API

路径	方法	Lambda 函数	描述
frontier-url/{seed}/{url}	POST	create	为 seed 添加 URL
frontier-url/{seed}	POST	create	添加新 seed
frontier-url/{seed}/{url}	PATCH	update	更新 URL 的状态
frontier-url	PUT	bulkInsert	创建一批 URL
frontier-url/{seed}	GET	list	按状态列出 seed 的 URL，结果数量由最大记录数控制

每个 API 的定义都可以在 frontier-service 的 serverless.yml 配置中找到。这个配置还为服务的 API 定义了 Systems Manager Parameter Store 变量。我们没有为 API 使用 DNS，因此其他使用已知名称的服务无法发现它。但 API 网关生成的 URL 在 Parameter Store 中注册，可供具有正确 IAM 权限的服务找到它们。

为简单起见，我们所有的 Lambda 代码都在 handler.js 中实现。它包括创建和执行 DynamoDB SDK 调用的逻辑。如果查看这段代码，你会发现其中的大部分内容与我们在第 4 章和第 5 章中的处理程序非常相似。一个显著的区别是，我们引入了一个名为 Middy 的库来减少大量的样板文件内容。Middy 是一个中间件库，允许你在调用 Lambda 之前和之后拦截对它们的调用，以便执行常见操作(https://middy.js.org)。中间件只是一组 hook 到事件处理程序生命周期的函数。你可以使用 Middy 的任何内置中间件或任何第三方中间件，也可以编写自己的中间件。

我们的 frontier 处理程序可参照代码清单 8-3 设置 Middy 中间件。

代码清单 8-3　初始化 frontier 处理程序中间件

```
const middy = require('middy')
...

const { cors, jsonBodyParser, validator, httpEventNormalizer,
    httpErrorHandler } = require('middy/middlewares')

const loggerMiddleware = require('lambda-logger-middleware')
const { autoProxyResponse } = require('middy-autoproxyresponse')
...

function middyExport(exports) {
  Object.keys(exports).forEach(key => {
    module.exports[key] = middy(exports[key])
      .use(loggerMiddleware({ logger: log }))


      .use(httpEventNormalizer())
      .use(jsonBodyParser())
      .use(validator({ inputSchema: exports[key].schema }))
      .use(cors())
      .use(autoProxyResponse())
      .use(httpErrorHandler())
  })
}

middyExport({
  bulkInsert,
  create,
  list,
  update
})
```

Middy 包装了普通的 Lambda 处理程序

lambda-logger-middleware 在开发环境中记录请求和响应[1]。我们将它与第 6 章介绍的 Pino 记录器一起使用

cors 会自动将 CORS 标头添加到响应中

验证器根据我们定义的 JSON 模式验证输入主体和参数

jsonBodyParser 自动解析正文并提供一个对象

middy-autoproxy 响应将简单的 JSON 对象响应转换为 Lambda Proxy HTTP 响应[2]

httpErrorHandler 处理包含属性 statusCode 和 message 的错误，创建匹配的 HTTP 响应

httpEventNormalizer 为 queryStringParameters 和 pathParameters 添加默认的空对象

这个中间件配置可以很容易地在我们所有的服务中复制，以避免常见的、重复的 Lambda 样板。

8.5.4　部署和测试 frontier

如第 6 章所述，frontier 服务配置了 serverless-offline 和 serverless-dynamodb-local 插件。因此，可以在本地的 DynamoDB 环境中运行 API 和 Lambda 函数。要启动并运行它们，必须安装 DynamoDB 数据库：

```
npm install
serverless dynamodb install
npm start
```

1　https://github.com/eoinsha/lambda-logger-middleware。

2　https://www.npmjs.com/package/middy-autoproxyresponse。

npm start 命令可启动脚本，运行离线 frontier 服务。默认情况下，API 在
localhost 端口 4000 上运行。可以使用 cURL 从命令行对 API 进行测试：

```
# Create a new seed URL
curl -X POST http://localhost:4000/frontier-url/dummy-seed

# List all pending URLs for a given seed
curl http://localhost:4000/frontier-url/dummy-seed?status=PENDING
```

完成所有测试，并确定它们运行良好时，可将 frontier 部署到你的 AWS 账户。

```
sls deploy
```

可以使用 AWS 命令行或管理控制台来检查已创建的 DynamoDB 表和索引。
然后转到所有实际工作发生的服务——fetcher。

8.6　构建 fetcher 来检索和解析网页

现在我们有了一个可以响应批量获取 URL 的请求的 frontier 服务，且已经准
备好实现 fetcher(提取器)了。该服务的代码位于 chapter8-9/fetch-service 目录中。
图 8-6 显示了 fetcher 实现的物理架构以及它在检索会议网站页面时执行的顺序。

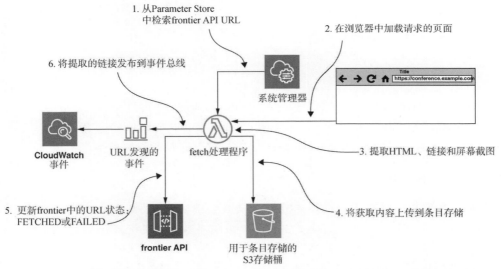

图 8-6　fetcher 实现与参数存储、frontier API、嵌入式 headless Web 浏览器、条目存储和事件
总线的集成

该服务接受对一批 URL 的 fetch 请求。对每个 URL 依次执行页面检索、呈现
和解析步骤。

注意 我们还没有为 fetch 处理程序定义任何 Lambda 触发器。我们将允许使用
AWS Lambda SDK 直接调用此处理程序，而不是使用 API 网关或异步事件。
这是一个特殊情况，因为我们的 fetcher 实现会导致一个长时间运行的
Lambda 获取多个页面。API 网关最多会在 30 秒内超时。此处不适合使用
基于事件的触发器，因为我们希望从调度器获得同步调用。

8.6.1 配置和控制 headless 浏览器

服务(serverless.yml)的配置包括一个新插件 serverless-plugin-chrome(https://
github.com/adieuadieu/serverless-chrome)，如代码清单 8-4 所示。

代码清单 8-4   fetch 服务 serverless.yml 加载并配置 Chrome 插件

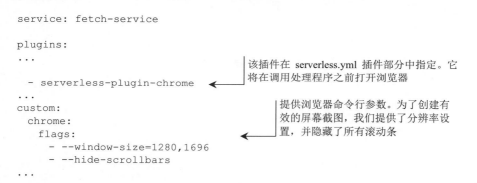

```
service: fetch-service

plugins:
...
  - serverless-plugin-chrome        ◀──  该插件在 serverless.yml 插件部分中指定。它
...                                        将在调用处理程序之前打开浏览器
custom:
  chrome:
    flags:                          ◀──  提供浏览器命令行参数。为了创建有
      - --window-size=1280,1696          效的屏幕截图，我们提供了分辨率设
      - --hide-scrollbars                置，并隐藏了所有滚动条
...
```

加载 Lambda 函数时，这个插件会自动以 headless 模式(即没有用户界面)安装
Google Chrome 网络浏览器。然后即可使用 chrome-remote-interface 模块(https://
github.com/cyrus-and/chrome-remote-interface)以编程方式控制浏览器。

8.6.2 捕获页面输出

我们的主要目标是收集 HTML 和链接。链接将由 strategy worker 处理，从而
确定是否应该获取它们。我们捕获页面的屏幕截图，以便可以选择开发前端应用
程序，从而更好地对捕获的内容进行可视化。

在图 8-5 中，我们展示了爬虫架构中的解析器(parser)组件。在我们的实现中，
解析器被实现为提取器的一部分。这既是一种简化，也是一种优化。在我们的
fetcher 中，已经产生了加载 Web 浏览器并让它解析和渲染页面的开销。使用浏览
器的 DOM API 查询页面和提取链接是一个非常简单的步骤。

所有的浏览器交互和提取代码都封装在 Node.js 模块的 browser.js 文件中，如
代码清单 8-5 所示。

代码清单 8-5　浏览器模块加载函数

加载正确的 URL 并等
待加载文档

```
return initBrowser().then(page =>
    page.goto(url, { waitUntil: 'domcontentloaded' }).then(() =>
      Promise.all([
        page.evaluate(`
JSON.stringify(Object.values([...document.querySelectorAll("a")]
  .filter(a => a.href.startsWith('http'))
  .map(a => ({ text: a.text.trim(), href: a.href }))
  .reduce(function(acc, link) {
    const href = link.href.replace(/#.*$/, '')
    if (!acc[href]) {
      acc[href] = link
    }
    return acc
  }, {}))))
`),
        page.evaluate('document.documentElement.outerHTML'),
        page.evaluate(`

function documentText(document) {
  if (!document || !document.body) {
    return ''
  }
}
return document.body.innerText + '\\n' +
  [...document.querySelectorAll('iframe')].map(iframe => documentText(ifram
  e.contentDocument)).join('\\n')
}
documentText(document)
`),
        page.screenshot()
]).then(([linksJson, html, text, screenshotData]) => ({
links: JSON.parse(linksJson).reduce(
(acc, val) =>
acc.find(entry => entry.href === val.href) ? acc : [...acc, val],
    []
    ),
    html,
    text,
    screenshotData
  }))
  )
  )
}
```

查询页面的文档对象
模型(DOM)，从而使用
JavaScript 提取链接

捕获页面生成的
HTML

从页面中获取文本以及其
中所有的 "<iframe>"

创建页面的截屏

当使用 URL 调用 browser 模块的 load 函数时，系统会执行以下操作。

8.6.3　获取多个页面

fetch 服务的 Lambda 处理程序接受多个 URL。这个想法是让我们的 Lambda
函数加载和处理尽可能多的页面。我们优化了这些调用，以便发送到 fetch 调用的
所有 URL 都来自同一个 seed URL。这增加了它们具有相似内容的可能性，并且

可以从浏览器的缓存中受益。我们的 Lambda 函数按顺序获取 URL。这种行为很容易改变：增加对并行提取器的支持，即可进一步优化过程。

　　页面上的所有链接都发布到系统的事件总线。这允许订阅这些事件的任何其他服务异步响应。为事件总线应用 CloudWatch Events。提取服务以最多 10 个(CloudWatch 限制)为一组发布发现的链接，如代码清单 8-6 所示。

代码清单 8-6　为发现的 URL 生成 CloudWatch 事件

```
const cwEvents = new AWS.CloudWatchEvents({...})          使用 CloudWatch Events
...                                                        API 一次只能发送 10 个
function dispatchUrlDiscoveredEvents(item, links) {        事件，因此我们提取 10
  if (links.length > 0) {                                  个事件，然后递归处理
    if (links.length > 10) {                               其余的事件
      return dispatchUrlDiscoveredEvents(item, links.splice(0, 10)) ◄
        then(() => dispatchUrlDiscoveredEvents(item, links))
    }

    const eventEntries = links.map(link => ({             Detail 属性是事件的
      Detail: JSON.stringify({ item, link }),             JSON 有效负载
      Source: 'fetch-service',                            确定事件的起源
      DetailType: 'url.discovered'
    }))
                        事件类型用于匹配 CloudWatch
                        规则中的接收事件
  return cwEvents.putEvents({ Entries: eventEntries })
    promise().then(() => {})
}                           事件批处理是使用 AWS 开发工具包中
  return Promise.resolve()  的 CloudWatch Events API 发送的
}
```

将 CloudWatch Events 作为事件总线

　　第 2 章讲解了消息传递技术以及队列系统和发布/订阅系统之间的区别。对于"URL Discovered"消息，我们想要一个发布/订阅模型。这允许多个订阅者响应此类事件，并且不对他们的行为作出任何假设。该方法有助于降低服务之间的耦合性。

　　在 AWS 中，有一些发布/订阅选项：

- 简单通知服务(SNS)
- Kinesis Streams，在第 7 章使用过
- 为已经使用 Kafka 的用户提供 Managed Streaming for Kafka(MSK)
- DynamoDB Streams 是一个发布 DynamoDB 数据变更的系统，它建立在 Kinesis Streams 之上
- CloudWatch Events，一个简单的服务，几乎不需要设置

CloudWatch Events 的优势在于几乎不需要设置。我们不需要声明任何主题或配置分片。我们可以使用 AWS SDK 发送事件。任何希望对这些事件做出反应的

服务都需要创建 CloudWatch 规则，来匹配传入事件，并触发目标。可能的目标包括 SQS、Kinesis，当然还有 Lambda。

每个成功的页面提取都会调用 frontier URL Update API，并将 URL 标记为 FETCHED。任何失败的页面加载都会导致 URL 被标记为 FAILED。

8.6.4　部署并测试 fetcher

将 fetcher 部署到 AWS 前请先在本地进行测试。首先，安装模块依赖：

```
npm install
```

接下来，使用无服务器本地调用。我们的本地调用会尝试将内容复制到条目存储 S3 存储桶中。它还会将事件发布到与在获取的页面中发现的链接相关的 CloudWatch 事件。因此，请确保使用 AWS_环境变量或使用 AWS 配置文件来配置你的 AWS 凭据。运行 invoke local 命令，传递随 fetch 服务代码提供的测试事件：

```
source ../.env
serverless invoke local -f fetch --path test-events/load-request.json
```

可以看到 Google Chrome 运行并加载一个网页(https://fourtheorem.com)。在某些平台上，调用可能在完成后也不会退出，并且可能必须手动终止。调用完成后，你可以导航到 AWS 管理控制台中条目存储的 S3 存储桶。在那里你会找到一个包含 HTML 文件和屏幕截图的文件夹。下载并查看你迄今为止完成的工作结果。我们现在准备部署到 AWS：

```
serverless deploy
```

8.7　确定 strategy 服务中的爬取空间

在任何网络爬虫中确定爬取空间的过程都特定于域和应用程序。在我们的场景中，做出了以下假设来简化爬取策略：

- 爬虫只跟踪本地链接。
- 每个 seed 的爬取策略都是独立的。不需要处理跨 "通过爬取不同 seed 发现的" 链接的重复内容。
- 爬取策略遵循爬取深度的限制。

让我们研究一下爬虫服务的实现。你可以在 chapter8-9/strategy-service 目录中找到相关代码。图 8-7 展示了该服务的物理结构。

这个服务非常简单，可以处理一批事件，如代码清单 8-7 所示。可以在 chapter8-9/strategy-service 目录中找到 handler.js 的部分摘录代码。

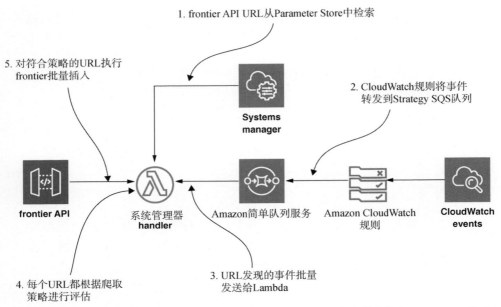

图8-7   strategy 服务通过 SQS 与 CloudWatch events 相关联。它还与参数存储和 frontier API 集成

代码清单8-7   页面爬虫策略

```
const items = event.Records.map(({ body }) => {
  const { item, link } = JSON.parse(body)
  return {
    seed: item.seed,
    referrer: item.url,
    url: link.href,
    label: link.text,
    depth: item.depth + 1
  }
}).filter(newItem => {
  if (newItem.depth > MAX_DEPTH) {
    log.debug(`Rejecting ${newItem.url} with depth (${newItem.depth})
    beyond limit`)
  } else if (!shouldFollow(newItem.seed, newItem.url)) {
    log.debug(`Rejecting ${newItem.url}
    from a different domain to seed ${newItem.seed}`)
  } else {
    return true
  }
  return false
})
log.debug({ items }, 'Sending new URLs to Frontier')
return items.length > 0
  ? signedAxios({method: 'PUT', url: frontierUrl, data: items})
    .then(() => ({}))
```

解析事件中的每条记录，从而提取链接和发现对应的页面

新页面的 frontier 记录被创建。它包含引用页面的 URL、链接文本标签和增加的爬取深度

超过最大爬取深度的条目被排除在外

来自不同域的条目被排除在外

frontier 的 Bulk Insert API(批量插入 API)使用 Axios HTTP 库调用符合条件的条目[1]

---

1 https://github.com/axios/axios。

```
      .catch(err => {
       const { data, status, headers } = err.response || {}
       if (status) {
         log.error({ data, status, headers }, 'Error found')
       }
       throw err
     })
   : Promise.resolve({})
```

　　我们刚刚处理的事件是由 fetch 服务使用 CloudWatch Events API 发送的。要了解 strategy 服务如何接收它们，请参阅图 8-7 和来自 strategy-service 的 serverless.yml 摘录，如代码清单 8-8 所示。

代码清单 8-8　strategy 服务通过 SQS 接收的 CloudWatch events

```
Resources:
  strategyQueue:                                     我们定义了一个 SQS 队列。这是 handleDiscoveredUrls
    Type: AWS::SQS::Queue  ◄─────                    Lambda 处理程序的触发器
      Properties:
        QueueName: ${self:custom.strategyQueueName}
  strategyQueuePolicy:
    Type: AWS::SQS::QueuePolicy
    Properties:
      Queues:
        - !Ref strategyQueue
      PolicyDocument:
        Version: '2012-10-17'
        Statement:
          - Effect: Allow
            Action:                                  SQS 队列获得了一个资源策
              - sqs:SendMessage                      略，授予 CloudWatch Events
            Principal:                               服务向队列发送消息的权限
              Service: events.amazonaws.com  ◄──────
            Resource: !GetAtt strategyQueue.Arn

  discoveredUrlRule:                                 CloudWatch 规则被定义
    Type: AWS::Events::Rule  ◄──────                 为匹配给定模式的事件
    Properties:
      EventPattern:
        detail-type:                                 该规则匹配具有 DetailType:
          - url.discovered                           url-discovered 的事件
      Name: ${self:provider.stage}-url-discovered-rule  SQS 队列被指定为
      Targets:                                          规则的目标
        - Arn: !GetAtt strategyQueue.Arn  ◄──────
          Id: ${self:provider.stage}-url-discovered-strategy-queue-target
          InputPath: '$.detail'  ◄──────            发送到目标的消息正文
                                                     是消息的有效负载
```

让我们将 strategy 服务直接部署到 AWS：

```
npm install
serverless deploy
```

接下来，准备构建爬虫的最后一部分。

8.8　使用调度程序编排爬虫

网络爬虫的最后一个组件是调度器，它是爬取站点过程的开始，并在结束前被持续跟踪。对于习惯于大型单体架构的人来说，以无服务器思维设计这种流程颇具挑战性。特别是，对于任何给定的站点，都需要强制执行以下要求：

● 必须强制执行每个站点的最大并发爬取数。
● 在继续执行下一批爬取之前，该进程必须等待指定的时间。

这些要求与流量控制(flow control)有关。使用纯事件驱动的方法来实现流量控制是可能的。然而，若要在同一个 Lambda 函数中将请求聚集到同一个站点，架构可能会相当复杂且难以推理。

在我们讨论流量控制的挑战之前，请确保你已经准备好这些服务的代码。

8.8.1　获取代码

调度器服务代码位于 chapter8-9/scheduler-service 目录中。在 serverless.yml 中，你会发现一个新的插件：serverless-step-functions。这将引入一个新的 AWS 服务，它将帮助我们协调爬取过程。

8.8.2　使用 Step Function

调度器将使用 AWS Step Function 实现流程控制和编排。Step Function 有以下功能：

● 它们可以运行长达一年的时间。
● Step Function 可以集成到许多 AWS 服务中，包括 Lambda。
● 提供了对等待步骤、条件逻辑以及并行任务执行、失败和重试的支持。

Step Function 由名为 Amazon States Language(ASL)的特定语法在 JSON 中定义。serverless-step-function 插件允许在 stepFunctions 部分下的 serverless 配置文件中为函数定义 ASL。我们在无服务器框架配置中使用 YAML。在将资源创建为底层 CloudFormation 堆栈的一部分之前，此格式会转换为 JSON。图 8-8 说明了调度 Step Function 的流程。

我们已经了解了其他组件服务是如何构建的，并介绍了它们用于与系统其余部分交互的 API 和事件处理。且由调度程序管理的端到端爬取过程也已显示。特别是，流程中的等待和检查批次计数步骤展示了如何使用 Step Function 轻松管理控制流。Step Function 状态机的 ASL 代码如代码清单 8-9 所示。

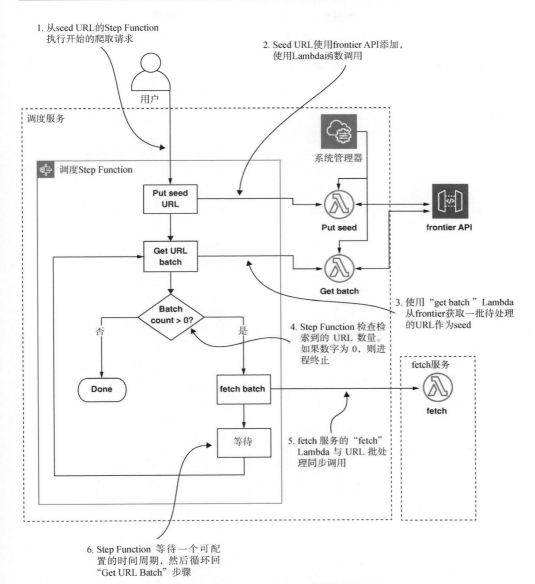

图 8-8　调度器被实现为一个 AWS Step Function。它对调度器服务中定义的 Lambda，以及 fetch 服务中的 fetch Lambda 进行同步调用

代码清单 8-9　调度程序服务状态机的 ASL

```
StartAt: Seed URL
States:
  Seed URL:
    Type: Task
    Resource: !GetAtt PutSeedLambdaFunction.Arn
    Next: Get URL Batch
```

状态机调用 putSeed
Lambda 来启动爬取
过程

```
      InputPath: '$'
      ResultPath: '$.seedResult'
      OutputPath: '$'
    Get URL Batch:
      Type: Task
      Resource: !GetAtt GetBatchLambdaFunction.Arn
      Next: Check Batch Count
      InputPath: '$'
      ResultPath: '$.getBatchResult'
      OutputPath: '$'
    Check Batch Count:
      Type: Choice
      Choices:
        - Not:
            Variable: $.getBatchResult.count
            NumericEquals: 0
          Next: Fetch
      Default: Done
    Fetch:
      Type: Task
      Resource: ${ssm:/${self:provider.stage}/fetch/lambda-arn}
      InputPath: $.getBatchResult.items
      ResultPath: $.fetchResult
      Next: Wait
    Wait:
      Type: Wait
      Seconds: 30
      Next: Get URL Batch
    Done:
      Type: Pass
      End: true
```

用getBatch Lambda 函数检索一批 URL

在 Choice 状态下检查批处理中的 URL 数量。这是一个如何在 Step Function 中实现简单流控制的示例。如果计数为零,则状态机以 Done 状态终止。否则,它将前进到 fetch 状态

fetch 服务的 Lambda(使用参数存储发现)将通过 frontier 的 URL 批处理来调用

一旦获取完成,状态机将等待 30 秒以确保"有礼貌的"爬取行为。然后状态机循环回 Get URL Batch 状态,从而处理更多页面

8.8.3　部署和测试调度器

部署了调度程序后,即可为任何给定的 seed URL 启动一个爬取进程。通过如下命令进行部署:

```
npm install
serverless deploy
```

现在已经有了运行爬虫的所有服务。爬取进程通过执行 Step Function 来启动。这可以使用 AWS 命令行来完成。首先,执行 list-state-machines 命令来查找 CrawlScheduler Step Function 的 ARN:

```
aws stepfunctions list-state-machines --output text
```

返回的结果示例如下:

```
STATEMACHINES 1561365296.434 CrawlScheduler arn:aws:states:eu-west-
1:123456789123:stateMachine:CrawlScheduler
```

接下来,通过提供 ARN 并传递包含 seed URL 的 JSON 来启动状态机:

```
aws stepfunctions start-execution \
  --state-machine-arn arn:aws:states:eu-west-
    1:1234567890123:stateMachine:CrawlScheduler \
  --input '{"url": "https://fourtheorem.com"}'
```

作为使用 CLI 的替代方法，我们可以在 AWS 管理控制台中启动 Step Function 的执行。在浏览器中导航到 Step Functions 服务并选择 CrawlScheduler 服务打开类似于图 8-9 所示的界面。

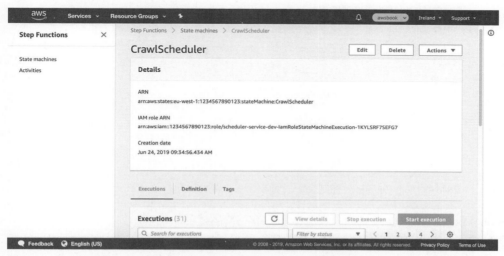

图 8-9　AWS 管理控制台中的 Step Function 视图允许你开始新的执行，并查看现有执行的进度。你还可以从这里检查或编辑 ASL JSON

单击 Start Execution 按钮。从这里，你可以输入要传递到开始状态的 JSON 对象。在我们的例子中，JSON 对象需要一个属性——要爬取的站点的 URL，如图 8-10 所示。

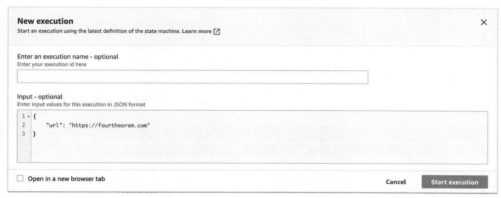

图 8-10　可通过在 Step Functions 控制台的 Start Execution 选项中提供站点 URL 来启动爬取

执行开始后，控制台将带你进入执行视图。从这里，你可以看到 Step Function 的执行进度，如图 8-11 所示。通过单击图中的状态，你可以看到输入数据、输出数据和所有错误信息。

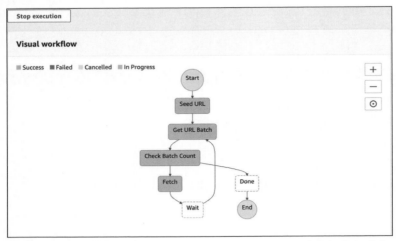

图 8-11　Step Functions 控制台中的可视化工作流允许用户监控执行进度

Step Function 执行完成后，查看条目存储 S3 存储桶的内容。你应该会看到一个文件集合，这些文件与从 seed URL 链接的最重要的页面相关。页面的内容示例如图 8-12 所示。

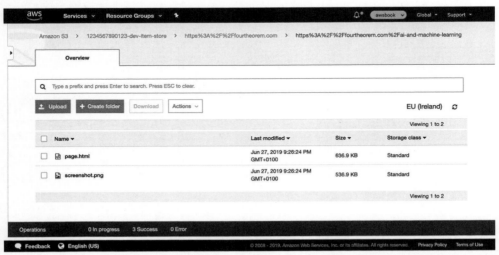

图 8-12　可以从 S3 控制台浏览条目存储。这允许我们检查生成的 HTML 并直观地检查网页的屏幕截图

从众多会议网站收集的此类数据将作为第 9 章中智能数据提取的基础。但是，

在继续之前，请花一些时间在 AWS 控制台中浏览爬取程序的组件。从 Step Function 开始，按顺序跟随每个阶段。查看 fetch 服务、strategy 服务和 frontier 服务的 CloudWatch 日志。数据流和事件流应该与图 8-9 中的图表相匹配，这个练习应该有助于巩固我们在本章中描述的所有内容。

　　下一章将深入研究使用命名实体识别，从文本数据中提取特定信息。

8.9　本章小结

- AI 算法或托管服务的类型决定了 AI 应用程序需要哪些数据。
- 如果你没有合适的数据，请考虑查找公开可用的数据源或生成你自己的数据集。
- 网络爬虫和抓取工具从网站中查找和提取数据。
- DynamoDB 二级索引可用于执行其他查询。
- 可以构建无服务器应用程序来进行网络爬取，尤其是针对特定的小型站点集合。
- 事件驱动的无服务器系统可以使用 CloudWatch events(或 EventBridge)作为事件总线。
- 可以使用 AWS Step Functions 对流程控制进行编排。

警告　第 9 章将继续在此系统上构建，我们在第 9 章末尾提供了如何删除已部署资源的说明。如果你暂时不打算学习第 9 章，请确保完全删除所有已部署的云资源，以免产生额外的费用。

第 *9* 章

使用AI从大数据集中提取有价数据

本章主要内容：

- 使用 Amazon Comprehend 进行命名实体识别(Named Entity Recognition，NER)
- 了解 Comprehend 的操作模式(异步、批处理和同步)
- 使用异步 Comprehend 服务
- 使用 S3 通知触发 Lambda 函数
- 使用死信队列(dead-letter queue)处理 Lambda 中的错误
- 来自 Comprehend 的处理结果

第 8 章讨论了从网站收集非结构化数据以用于机器学习分析的挑战。本章将在第 8 章无服务器网络爬虫的基础上继续展开讲述。在本章中，我们关注的是使用机器学习从收集的数据中提取有意义的见解。如果你没有学完第 8 章，那么在继续本章之前，建议你先完成该章的学习，因为我们将直接在网络爬虫之上构建本章的内容。接下来，我们将直接为你介绍信息提取。

9.1 使用 AI 从网页中提取重要信息

让我们回忆一下第 8 章中的愿景——寻找相关的开发者大会信息。我们希望建立一个允许人们搜索他们感兴趣的会议和演讲者的系统。在第 8 章的网络爬虫中，我们构建了一个系统来解决这个场景的第一部分——收集会议数据。

但是，我们不希望用户只能手动搜索我们收集的所有非结构化网站文本。我
们希望向他们展示会议、活动地点和日期以及可能在这些会议上发言的人员名单。

从非结构化文本中提取这些有意义的数据不是一件简单的事情——至少，在
最近的托管 AI 服务取得进展之前是这样。

让我们重新审视第 8 章中的需求概览图。这一次，我们将重点介绍本章的相
关部分，如图 9-1 所示。

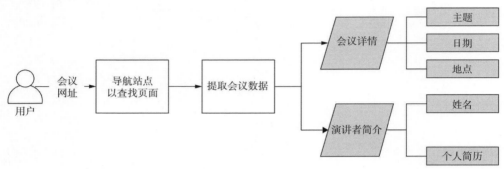

图 9-1   本章涉及从已经收集的数据中提取事件和演讲者信息

9.1.1   了解需求

从非结构化文本中提取重要信息的挑战被称为命名实体识别(NER)。命名实
体可以是个人、位置或组织，还可以指日期和数字数量。NER 是一个具有挑战性
的问题，也是许多研究的主题。目前这项技术还在发展中，由于无法保证其结果
100%准确，因此我们必须对结果有所判断。根据应用程序不同，可能需要人工对
结果进行检查。例如，假设你有一个系统需要检测文本正文中的位置信息。现在
假设文本中有一个句子提到了阿波罗 11 号指挥舱，"哥伦比亚"。NER 可能会将
其识别为一个位置而不是航天器的一部分。每个命名实体识别系统都会对每个识
别结果给出一个似然分数，这个值永远不会达到 100%。

在这个会议事件信息提取场景中，我们的目标是从网站数据中提取人名、地
点和日期。然后，这些数据将被存储起来，供用户访问。

9.1.2   扩展体系结构

我们即将设计和部署一个无服务器系统，从会议网页中提取所需的信息。首
先，使用第 1 章中规范的无服务器体系结构中概述的类别，查看本章的体系结构
组件，如图 9-2 所示。

与前几章相比，这里的服务和通信渠道种类较少。从 AWS 服务的角度来看，
本章相对简单。新引入的内容包括 Amazon Comprehend 功能和 S3 事件通知(作为
数据处理的触发器)。

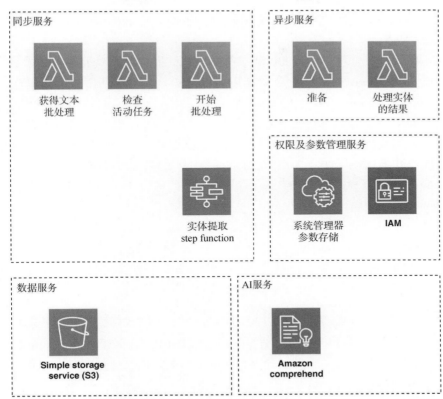

图 9-2　无服务器实体提取系统架构。该系统由使用 step function 编排的同步 Lambda 函数组成。
数据存储在第 8 章介绍的条目存储 S3 存储桶中。S3 的存储桶通知触发了异步服务

9.2　了解 Comprehend 的实体识别 API

Amazon Comprehend 有多个支持的实体识别接口。在进一步详细了解数据如
何流经系统之前，让我们花点时间了解 Comprehend 的工作原理以及可能对我们
的架构产生哪些影响。

Amazon Comprehend 中的 3 个实体识别接口如表 9-1 所示。

表 9-1　Amazon Comprehend 操作模式

API	描述	限制
按需实体识别	分析单个文本，同步返回结果	最多 5000 个字符
批量实体识别	分析多段文本，同步返回结果	最多 25 个文档，每个文档最多 5000 个字符
异步实体识别	分析多段大文本。从 S3 读取文本并将结果异步写入 S3	每秒仅一个请求，每个文档 100KB，所有文档最大 5GB

有关 Comprehend 限制的详细信息，请参阅 Amazon Comprehend 指南和限制文档[1]。

在此，我们希望分析大于 5000 个字符的文档，因此必须选择异步操作模式。这种模式需要应用两个 API：StartEntititesDetectionJob 用来启动分析；DescribeEntitiesDetectionJob 用于轮询作业的状态。

Comprehend 将实体识别结果作为数组返回。每个数组元素均包含以下属性。

- Type：可识别的实体类型，如 PERSON、LOCATION、ORGANIZATION、COMMERCIAL_ITEM、EVENT、DATE、QUANTITY、TITLE 或 OTHER。
- Score：分析结果的置信度。这是一个 0~1 的值。
- Text：已识别实体的文本。
- BeginOffset：文本中实体的开始偏移量。
- EndOffset：文本中实体的结束偏移量。

为了了解 Comprehend 的工作原理，可使用 AWS 命令行界面运行一个一次性测试。使用 shell 是熟悉任何新 AWS 服务的有用方法。

> **提示** 第 2 章和附录 A 介绍了 AWS CLI。除了普通的 AWS CLI，亚马逊还发布了一个名为 AWS Shell(https://github.com/awslabs/aws-shell)的交互式命令行工具。它支持交互式帮助和命令自动补全。如果你使用 AWS CLI 来学习和探索新服务，那么 AWS Shell 值得一看。

我们将在 chapter8-9/sample-text/apollo.txt 下的代码库中分析一些示例文本。这段文字取自维基百科上的“阿波罗 11 号”网页[2]。示例文本如代码清单 9-1 所示。

代码清单 9-1   实体识别示例文本：apollo.txt

```
Apollo 11 was the spaceflight that first landed humans on the Moon.
Commander Neil Armstrong and lunar module pilot Buzz Aldrin formed the
American crew that landed the Apollo Lunar Module Eagle on July 20, 1969,
at 20:17 UTC. Armstrong became the first person to step onto the lunar
surface six hours and 39 minutes later on July 21 at 02:56 UTC; Aldrin
joined him 19 minutes later. They spent about two and a quarter hours
together outside the spacecraft, and they collected 47.5 pounds (21.5 kg)
of lunar material to bring back to Earth. Command module pilot Michael
Collins flew the command module Columbia alone in lunar orbit while they
were on the Moon's surface. Armstrong and Aldrin spent 21 hours 31 minutes
on the lunar surface at a site they named Tranquility Base before lifting
off to rejoin Columbia in lunar orbit.
```

---

1 Amazon Comprehend 指南和限制文档：http://mng.bz/2WAa。

2 阿波罗 11 号，维基百科，经 Creative Commons Attribution-ShareAlike 授权复制，https://en.wikipedia.org/wiki/Apollo_11。

可以通过 CLI 使用以下命令运行按需实体识别：

```
export INPUT_TEXT=`cat apollo.txt`

aws comprehend detect-entities --language-code=en --
    text $INPUT_TEXT > results.json
```

此命令的输出保存至 results.json，该过程演示了 Comprehend 如何为实体识别任务提供分析结果。表 9-2 显示了为该命令获得的一些结果。

表 9-2　Comprehend 实体识别样本结果

Type	Text	Score	BeginOffset	EndOffset
ORGANIZATION	Apollo 11	0.49757930636405900	0	9
LOCATION	Moon	0.9277622103691100	62	66
PERSON	Neil Armstrong	0.9994082450866700	78	92
PERSON	Buzz Aldrin	0.9906044602394100	116	127
OTHER	American	0.6279735565185550	139	147
ORGANIZATION	Apollo	0.23635128140449500	169	175
COMMERCIAL_ITEM	Lunar Module Eagle	0.7624998688697820	176	194
DATE	"July 20, 1969"	0.9936476945877080	198	211
QUANTITY	first person	0.8917713761329650	248	260
QUANTITY	about two and a quarter hours	0.9333438873291020	395	424
QUANTITY	21.5 kg	0.995818555355072	490	497
LOCATION	Earth	0.9848601222038270	534	539
PERSON	Michael Collins	0.9996771812438970	562	577
LOCATION	Columbia	0.9617793560028080	602	610

很明显，可以通过 Comprehend 实体识别轻松获得非常准确的结果。

为了从爬取的每个会议网页都得到这些结果，我们将使用异步实体识别 API。这意味着我们必须处理这个 API 的以下特征：

● Comprehend 上的实体识别任务在异步模式下运行需要更长的时间。每个任务可能需要 5~10 分钟。这比同步作业时间长得多，但代价是异步作业可以处理更大的文档。

● 为避免达到 API 节流限制，我们将避免每秒多个请求，并向每个任务提交多个网页。

● Amazon Comprehend 中的异步 API 将结果写入已配置的 S3 存储桶。我们将使用 S3 存储桶上的通知触发器来处理结果。

第 8 章的网络爬虫将每个网页的文本文件(page.txt)写入 S3 存储桶。开始实体识别前，要在 S3 的单独暂存文件夹中制作一份副本。这样，便可以检查暂存文件夹的内容以查找要处理的新文本文件。处理开始后，我们将从暂存区中删除该文件。原始文件(page.txt)将永久保留在站点文件夹中，以便以后需要时可以进一步处理。

让我们继续实现简单的服务，该服务将在暂存区创建文本文件的副本。

9.3　为信息提取准备数据

包含准备处理的文件的暂存区是条目存储 S3 存储桶中名为 incoming-texts 的目录。我们将使用 S3 通知触发器对从网络爬虫发送到存储桶的新 page.txt 文件作出响应。然后每个文件都将被复制到 incoming-texts/当中。

9.3.1　获取代码

准备服务的代码位于 chapter8-9/preparation-service 目录中。该目录包含 serverless.yml 文件。在部署和测试准备服务之前，我们将解释其中的内容。

9.3.2　创建 S3 事件通知

准备服务主要由一个带事件通知的简单函数组成。让我们详细探索 serverless.yml 以了解其工作原理。代码清单 9-2 显示了此文件的部分摘录，其中有一个 S3 存储桶事件通知。

代码清单 9-2　serverless.yml 中关于准备服务的内容

要将 S3 现有存储桶用作事件触发器，你必须使用无服务器框架 1.47.0 或更高版本 [1]。该行命令强制执行该要求

```
service: preparation-service
frameworkVersion: '>=1.47.0'

plugins:
  - serverless-prune-plugin

  - serverless-pseudo-parameters
```

每次部署时都会为每个 Lambda 函数创建新版本。serverless-prune-plugin 负责删除旧版本的 Lambda 函数，否则它们会进行堆积 [2]

我们想在配置中使用带有伪参数的 CloudFormation Sub 函数，例如${AWS::AccountId}[3]，但是这种语法与无服务器框架的变量语法冲突 [4]。serverless- pseudo-parameters[5]通过允许我们使用更简单的语法(#{AWS::AccountId})来解决这个问题

1　无服务器框架，使用现有存储桶，http://mng.bz/1g7q。

2　Serverless Prune Plugin，https://github.com/claygregory/serverless-prune-plugin。

3　Sub Function 和 CloudFormation 变量，http://mng.bz/P18R。

4　无服务器框架变量，http://mng.bz/Jx8Z。

5　Serverless Pseudo Parameters Plugin，http://mng.bz/wpE5。

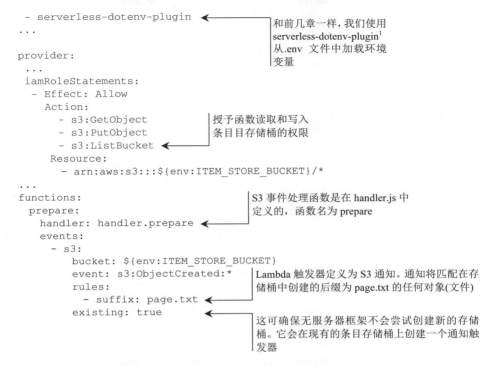

我们刚刚为准备处理程序声明了函数、它的资源和触发器。现在可以继续执行此功能。

CloudFormation 和 S3 通知触发器

CloudFormation 是一种将基础设施即代码定义为支持逻辑分组资源并在发生任何故障时回滚的绝妙方法。但是，它存在一个缺点，CloudFormation 在创建所有资源类型方面不如 AWS 开发工具包灵活。

其实例之一是存储桶通知。使用 CloudFormation，只能在创建存储桶资源时添加通知[2]。我们希望能够为系统中的任何服务向现有存储桶添加通知。

无服务器框架为这个问题提供了一个很好的解决方法。通过使用属性为 existing:true 的 s3 事件类型，框架在后台使用 AWS 开发工具包向现有存储桶添加新通知。这是使用 CloudFormation 自定义资源实现的，当官方 CloudFormation 的功能无法满足你的需求时，这是一种有用的解决方法。有关自定义资源的更多信息，请参阅 AWS 文档[3]。

1　Serverless Dotenv Plugin，http://mng.bz/qNBx。

2　CloudFormation AWS::S3::NotificationConfiguration，http://mng.bz/7GeQ。

3　AWS CloudFormation 模板自定义资源，http://mng.bz/mNm8。

9.3.3   实现 preparation 处理程序

preparation 服务的处理程序模块的目标是执行任何所需的处理,从而使文本为实体识别做好准备。在我们的例子中,这只是将文本放入正确的文件夹,并使用正确的文件名进行处理。preparation 服务的处理程序模块参见代码清单 9-3。

代码清单 9-3   handler.js 中配置的 preparation 服务

```
...
const s3 = new AWS.S3({ endpoint: process.env.S3_ENDPOINT_URL })

function prepare(event) {                          每个 S3 通知事件都是
  const record = event.Records[0]  ◀──────────    一个长度为 1 的数组
  const bucketName = record.s3.bucket.name
  const key = decodeURIComponent(record.s3.object.key) ◀──    对象键在到达 S3 事
  const object = { Bucket: bucketName, Key: key }           件时进行 URL 编码
  ...
  return s3
    .getObject(object)
    .promise()
    .then(({ Body: body }) => body)
    .then(body => body.toString())           临时区域副本的键是通过替换传
    .then(text => {                          入 key 字符串中的前缀和文件名来
      const textObjectKey = `incoming-texts/  创建的
${key.substring(KEY_PREFIX.length).replace(/page.txt$/
, 'pending.txt')}`  ◀────────────────────
      ...
      return s3
        .putObject({ Body: text, Bucket: bucketName, Key: textObjectKey }) ◀
        .promise()
    })                                       S3 对象的内容
}                                            被写入目标键
```

9.3.4   使用死信队列(DLQ)增加弹性

部署 Preparation 服务之前,先来处理有关弹性和重试的问题。如果事件处理程序未能处理该事件,就有可能丢失该事件。Lambda 将重试函数两次[1]。如果函数在所有这些调用尝试中都没有成功处理事件,则不会再进行自动重试。

幸运的是,我们可以为任何 Lambda 函数配置死信队列(DLQ)。这是自动重试失败后未处理事件的去处。一旦它们进入 DLQ,就可以决定如何重新处理它们。

DLQ 可以是 SQS 队列或 SNS 主题。SNS(简单通知服务)用于发布/订阅消息,这是第 2 章中介绍的主题。SQS(简单队列服务)用于点对点消息传递。我们将为 DLQ 使用 SQS 队列,因为只需要一个消费者。DLQ 交互如图 9-3 所示。

---

1   Lambda 异步调用,http://mng.bz/5pN7。

图 9-3　DLQ 有助于检查和重新处理导致 Lambda 执行失败的事件

以下列出了处理未处理的消息的方式。

- 我们将 SQS 队列设置为 prepare Lambda 函数的 DLQ。
- 所有重试尝试失败后，未处理的消息将发送到队列。
- 可以间歇性地检查 AWS 控制台中的 SQS 队列。在生产环境中，最好设置一个 CloudWatch 告警，以在此队列中的消息数量超过 0 时提醒我们。为简单起见，我们不会在本章中创建 CloudWatch 警报[1]。
- 创建第二个 Lambda 函数，其唯一目的是从 DLQ 检索消息，并将它们传递回原始 prepare Lambda 函数。当我们注意到未处理的消息，并已采取措施解决潜在问题时，可以手动调用此方法。

9.3.5　创建 DLQ 和重试处理程序

第 2 章和第 3 章使用 SQS 队列触发 Lambda 函数。在 DLQ 的情况下，我们不希望重试 Lambda 被自动触发。由于我们将手动调用重试 Lambda，因此重试处理程序必须手动从 SQS 队列中读取消息。我们来看看 serverless.yml 的新增内容。代码清单 9-4 显示了相关的摘录。你可以在 chapter8-9/preparation-service 目录中找到完整的配置文件。

代码清单 9-4　在 serverless.yml 中设置 preparation 服务

```
custom:
  ...
  dlqQueueName: ${self:provider.stage}PreparationDlq
  ...
provider:
  ...
  iamRoleStatements:
  ...
    - Effect: Allow
      Action:
```

每个部署阶段的 DLQ 队列使用不同的名称，从而避免命名冲突

1　有关基于 SQS 队列消息计数创建 CloudWatch 告警的详细信息，请参阅 http://mng.bz/6AjR。

```
          - sqs:GetQueueUrl
          - sqs:DeleteMessage
          - sqs:SendMessage
          - sqs:ReceiveMessage
      Resource:
          - !GetAtt preparationDlq.Arn
functions:
  prepare:
    ...
    onError: !GetAtt preparationDlq.Arn

    ...
  retryDlq:
    handler: dlq-handler.retry
    environment:
      DLQ_QUEUE_NAME: ${self:custom.dlqQueueName}

...
resources:
  Resources:
    preparationDlq:
      Type: AWS::SQS::Queue
      Properties:
        QueueName: ${self:custom.dlqQueueName}
        MessageRetentionPeriod:
```

Lambda 需要 4 个权限才能读取和处理 DLQ 中的消息

onError 用于将 prepare Lambda 函数的 DLQ 设置为 SQS 队列 ARN

重试 Lambda 函数配置为没有任何事件触发器。DLQ 队列使用环境变量配置

将 DLQ 的消息保留期设置为一天。这个时间足够长，以便可以手动恢复未传递的消息。最大邮件保留值为 14 天

Lambda 处理程序在 dlq-handler.js 中的 retry 函数中实现。调用时，其目标是执行以下操作序列：

(1) 从 DLQ 中检索一批消息。

(2) 从每条消息中提取原始事件。

(3) 通过加载处理程序模块来调用 prepare 函数，并直接使用事件调用 prepare，然后等待一个成功或失败的响应。

(4) 如果事件成功，则从 DLQ 中删除该消息。

(5) 继续处理下一条消息，直到批处理中的所有消息都处理完毕。

DLQ 处理是我们希望应用于多个 Lambda 函数的常见模式，因此我们将其提取到一个单独的开源 NPM 模块 lambdadlq-retry 中[1]。该模块的使用让重试实现更简单。dlq-handler.js 如代码清单 9-5 所示。

代码清单 9-5   Preparation 服务的 DLQ 处理程序

导入 lambda-dlq-retry 模块

```
const lambdaDlqRetry = require('lambda-dlq-retry')
```

---

[1]   lambda-dlq-retry 可在 https://github.com/eoinsha/lambda-dlq-retry 获得。

```
const handler = require('./handler')
const log = require('./log')
module.exports = {
  retry: lambdaDlqRetry({ handler: handler.prepare, log })
}
```

需要包含 preparation 服务
的 prepare 函数的模块

导出一个 DLQ 重试处理程序，它是由 lambda-dlq-retry 模块使用指定处理程序创建的。你可以传递一个日志记录器实例。如果调试日志打开，将产生与 DLQ 重试相关的日志条目

值得一提的是，lambda-dlq-retry 最多可以批量处理 10 条消息。这个数值可以在环境变量 DLQ_RETRY_MAX_MESSAGES 中进行配置。

9.3.6　部署和测试 preparation 服务

到目前为止，我们已经在本章创建了 4 个 Lambda 函数。在部署和运行它们之前应该对它们先行检查，这样就可以清楚地了解它们协同工作的方式。图 9-4 再次展示了本章开头的服务架构，本章讲解的部分已在图中突出显示。

图 9-4　至此，已实现了用于文本准备、获取一批文本文件、启动实体识别、
检查识别进度的 Lambda 函数

在部署准备服务之前，请确保你已按照第 8 章所述在 chapter8-9 目录中设置了.env。其中包含条目存储桶名称环境变量。完成后，我们可以继续执行通常的步骤来构建和部署。

```
npm install
sls deploy
```

为了测试函数，可以手动上传一个后缀为 page.txt 的文件到条目存储桶。然后检查它是否被复制到 incoming-texts 暂存区。我们可以使用简单的 Comprehend 测试中已有的示例文本。

```
source ../.env
aws s3 cp ../sample-text/apollo.txt \
  s3://${ITEM_STORE_BUCKET}/sites/test/page.txt
```

可以使用无服务器 logs 命令检查 prepare 函数的日志。这将获取该函数的 CloudWatch 日志，并将其输出显示到控制台。因为我们在第 8 章中使用了 pino 模块进行登录，所以在此可以通过将输出传输到 pino-pretty 模块来更好地格式化它们，从而提升输出的可读性。

```
npm install -g pino-pretty

sls logs -f prepare | pino-pretty
```

之后会显示类似于代码清单 9-6 所示的输出。

代码清单 9-6　preparation 服务的日志输出

```
START RequestId: 259082aa-27ec-421f-9caf-9f89042aceef Version: $LATEST
[1566803687880] INFO (preparation-service/
    1 on 169.254.238.253): Getting S3 Object
  object: {
    "Bucket": "item-store-bucket",
    "Key": "sites/test/page.txt"
  }
[1566803687922] INFO (preparation-service/
    1 on 169.254.238.253): Uploading extracted text
  bucketName: "item-store-bucket"
  key: "sites/test/page.txt"
  textObjectKey: "incoming-texts/test/pending.txt"
```

然后，你可以在 S3 存储桶中检查暂存区中文件的内容：

```
aws s3 ls s3://${ITEM_STORE_BUCKET}/incoming-texts/test/pending.txt
```

最后，我们将测试 DLQ 重试功能。如果没有经过测试和验证工作，那么建立一个处理故障恢复的过程是没有意义的。为了模拟错误，我们将撤销对 S3 存储桶的读取权限。

从 serverless.yml 中的 Lambda IAM 角色策略中注释掉 GetObject 权限，如下所示：

```
...
   - Effect: Allow
     Action:
#        - s3:GetObject
       - s3:PutObject
...
```

使用修改后的 IAM 角色部署更新的 preparation 服务：

```
sls deploy
```

我们可以使用不同的 S3 key(路径)再次运行相同的测试：

```
aws s3 cp ../sample-text/apollo.txt s3://${ITEM_STORE_BUCKET}/sites/test2/
   page.txt
```

这一次，我们会在 prepare 函数日志中观察到一个错误：

```
START RequestId: dfb09e2a-5db5-4510-8992-7908d1ac5f13 Version: $LATEST
...
[1566805278499] INFO (preparation-service/
   1 on 169.254.13.17): Getting S3 Object
  object: {
    "Bucket": "item-store-bucket",
    "Key": "sites/test2/page.txt"
  }
[1566805278552] ERROR (preparation-service/1 on 169.254.13.17): Error in handler
   err: {
    "type": "Error",
    "message": "Access Denied",
```

你将看到此错误两次：一分钟后一次，两分钟后再次出现。这是因为 AWS Lambda 会自动重试。3 次尝试都失败后，你应该会看到消息到达 DLQ。

在尝试重新交付之前，我们将使用 AWS 控制台检查错误：

(1) 打开 SQS 控制台，并从队列列表中选择 preparation 服务 DLQ。此时消息计数设置为 1。

(2) 右击列表中的队列，并选择 View/Delete Messages 选项。选择 Start Polling for Messages，再在未传递 S3 事件消息显示后选择 Stop Now。

(3) 要查看完整消息，请选择 More Details。之后即可查看导致 prepare Lambda 函数出错的 S3 事件的全文。

(4) 该信息有助于原始消息排查。通过选择第二个选项卡 Message Attributes，还可以显示错误消息和请求 ID。此 ID 与 Lambda 函数调用相匹配，并可用于将这个错误与 CloudWatch 中的日志进行关联。你可能会注意到此处显示的"错误代码"为 200。这个值可以忽略，因为对于 DLQ 消息，它始终设置为 200。

接下来，通过在 serverless.yml 中恢复正确的权限来测试重新传送。取消之前对 s3:GetObject 的注释，并使用 sls deploy 重新部署。我们可以选择通过 AWS 控制台、AWS CLI 或使用无服务器框架的 invoke 命令来触发重试 Lambda。以下是使用 AWS CLI 命令进行重试：

```
aws lambda invoke --function-name preparation-service-dev-retryDlq /tmp/dlq-
    retry-output
```

如果运行它并检查/tmp/dlq-retry-output 中的输出，应该会看到一个简单的 JSON 对象({"count":1})。这意味着一条消息已被处理并传递。我们可以像之前一样使用 sls logs 命令检查重试 Lambda 的输出：

```
sls logs -f retryDlq | pino-pretty
```

这样就说明这个 S3 事件已经处理成功了。

9.4　使用文本批处理管理吞吐量

现在我们有一个单独的暂存区，以及一个 preparation 服务，后者可在网络爬虫创建文件时，用会议网页中的文本来填充前者。我们决定使用异步 Comprehend API，并批量处理文本。接下来将创建一个简单的 Lambda 来检索要处理的一批文本文件。

9.4.1　获取代码

getTextBatch 函数可以在 extraction-servicehandler 模块中找到。提取服务包括本章后部介绍所有功能，因为它负责对结果进行提取并生成报告：

```
cd ../extraction-service
```

9.4.2　检索批量文本以提取

getTextBatch 的源代码参见代码清单 9-7。这个函数使用 S3 listObjectsV2 API 读取暂存区中的文件，直至达到指定限制。

代码清单 9-7　getTextBatch 函数

```
const MAX_BATCH_SIZE = 25
const INCOMING_TEXTS_PREFIX = 'incoming-texts/'
...

function getTextBatch() {
  ...
  return s3
    .listObjectsV2({
```

```
  Bucket: itemStoreBucketName,
  Prefix: INCOMING_TEXTS_PREFIX,
  MaxKeys: MAX_BATCH_SIZE
})
.promise()
.then(({ Contents: items }) =>
  items.map(item => item.Key.substring(INCOMING_TEXTS_PREFIX.length))
)
.then(paths => {
  log.info({ paths }, 'Text batch')
  return {
    paths,
    count: paths.length
  }
})
}
```

从暂存区(incoming-texts)读取多达 25 个键

修改文件名,以从批处理结果中删除 incoming-texts/ 前缀

返回已转换文件名的批处理,同时返回一个标示批处理大小的计数

我们即将完成提取服务的部署,在此之前可执行 sls invoke local 命令来测试它。请记住,虽然我们是在本地执行这个函数,但它调用了 S3。因此,你应该设置 AWS_环境变量,以确保已被授权执行这些 SDK 调用。

我们按如下方式在本地运行这个函数:

```
sls invoke local -f getTextBatch
```

你应该会看到类似于代码清单 9-8 的输出。

代码清单 9-8　getTextBatch 的示例输出

```
{
    "paths": [
        "test/pending.txt",
        "test2/pending.txt"
    ],
    "count": 2
}
```

9.5　异步命名实体抽象

我们已经掌握了从会议网页中获取一批文本的方法。现在让我们构建一个函数来获取一组文本文件,并启动实体识别。请记住,我们在 Comprehend 中使用异步实体识别。此方法将输入文件存储在 S3 中。我们可以轮询 Comprehend 来检查识别作业的状态,并将结果写入 S3 存储桶中的指定路径。

9.5.1　获取代码

提取服务的代码位于 chapter8-9/extractionservice 目录中。startBatchProcessing 和 checkActiveJobs 函数参见 handler.js 文档。

9.5.2　开始实体识别任务

AWS SDK for Comprehend 为我们提供了 startEntitiesDetectionJob 函数[1]。它要求我们为 S3 中所有要处理的文本文件指定一个输入路径。我们希望确保没有文本文件被忽略处理。为此，应将要处理的文件复制到批处理目录中，并且只有在startEntitiesDetectionJob 调用成功后才删除源文件。

该操作参见提取服务的 handler.js 文件的 startBatchProcessing Lambda 函数，如代码清单 9-9 所示。

代码清单 9-9　提取服务处理程序的 startBatchProcessing 函数

> 该事件传递了一个路径数组。这些路径与 incoming_texts 前缀有关。这组路径构成了 batch

```
function startBatchProcessing(event) {
  const { paths } = event
  const batchId = new Date().toISOString().replace(/[^0-9]/g, '')

  return (
    Promise.all(
      paths
        .map(path => ({
          Bucket: itemStoreBucketName,
          CopySource: encodeURIComponent(
            `${itemStoreBucketName}/${INCOMING_TEXTS_PREFIX}${path}`
          ),
          Key: `${BATCHES_PREFIX}${batchId}/${path}`
        }))
        .map(copyParams => s3.copyObject(copyParams).promise())
    )
      // Start Processing
      .then(() => startEntityRecognition(batchId))
      // Delete the original files so they won't be reprocessed
      .then(() =>
        Promise.all(
          paths.map(path =>
            s3
              .deleteObject({
                Bucket: itemStoreBucketName,
                Key: `${INCOMING_TEXTS_PREFIX}${path}`
              })
              .promise()
          )
        )
      )
      .then(() => log.info({ paths }, 'Batch process started'))
      .then(() => ({ batchId }))
  )
}
```

> 根据当前时间生成一个batch ID。并用它在 S3 中创建批处理目录

> 批处理中的所有文件在处理前都被复制到批处理目录中

> S3 copyObject API要求 CopySource属性进行 URL 编码

> 当批量识别开始时，将删除 incoming_texts目录中的所有输入路径

> 将批处理 ID 传递给 startEntityRecognition 函数，以便可以同时分析批处理中的所有文件

1　startEntitiesDetectionJob，适用于 JavaScript 的 AWS SDK，http://mng.bz/oRND。

现在可以看到，通过将文件复制到批处理目录中，可以确保处理 incoming_texts 中的每个文件。启动批处理识别任务时的任何错误，都会将文件留在 incoming_texts 中，以便可以使用后续批处理重新处理它们。

刚刚讲解了对 startEntityRecognition 函数的引用。这是负责为 Comprehend 的 startEntitiesDetectionJob API 创建参数的函数。代码清单 9-10 展示了这个函数的代码。

代码清单 9-10　提取服务的 startBatchProcessing Lambda 函数

为了便于手动故障排除，我们使用生成的 batch ID 作为任务名称

该任务需要具有读写 S3 存储桶权限的 IAM 角色。角色定义可以在 extraction-service/serverless.yml 中找到

需要告诉 Comprehend，S3 文件夹中的每个文件都代表一个文档。另一个选项是 ONE_DOC_PER_LINE

批处理中的文件路径是刚刚复制的文件的路径

Comprehend 结果将写入由 batch ID 指定的输出文件夹

```
function startEntityRecognition(batchId) {
  return comprehend
    .startEntitiesDetectionJob({
      JobName: batchId,
      DataAccessRoleArn: dataAccessRoleArn,
      InputDataConfig: {
        InputFormat: 'ONE_DOC_PER_FILE',
        S3Uri: `s3://${itemStoreBucketName}/${BATCHES_PREFIX}${batchId}/`
      },
      LanguageCode: 'en',
      OutputDataConfig: {
        S3Uri: `s3://${itemStoreBucketName}/

${ENTITY_RESULTS_PREFIX}${batchId}`
      }
    })
    .promise()
    .then(comprehendResponse =>
      log.info({ batchId, comprehendResponse }, 'Entity detection started')
    )
}
```

startBatchProcessing 函数是本章函数的核心。它将提取的文本传递给 AWS Comprehend，这是一个执行重要数据提取的托管 AI 服务。

9.6　查看实体识别进度

在尝试实体识别任务处理之前，应查看 checkActiveJobs。这是一个简单的 Lambda 函数，它将使用 Comprehend API 报告正在进行的任务的状态。手动进度检查时还可以查看 AWS 管理控制台的 Comprehend 部分。了解了多少任务正在进行，就可以知道何时启动更多任务，并控制并发 Comprehend 任务执行的数量。checkActiveJobs 的代码如代码清单 9-11 所示。

代码清单 9-11　提取服务的 checkActiveJobs Lambda 函数

```
function checkActiveJobs() {
  return comprehend
    .listEntitiesDetectionJobs({
      Filter: { JobStatus: 'IN_PROGRESS' },
      MaxResults: MAX_COMPREHEND_JOB_COUNT
    })
    .promise()
    .then(({ EntitiesDetectionJobPropertiesList: jobList }) => {
      log.debug({ jobList }, 'Entity detection job list retrieved ')

      return {
        count: jobList.length,
        jobs: jobList.map(
          ({ JobId: jobId, JobName: jobName, SubmitTime: submitTime }) => ({
          jobId,
          jobName,
          submitTime
        })
      )
    }
  })
}
```

> 调用 listEntitiesDetectionJobs API，过滤正在进行的任务。为了限制可能返回的数量，我们将结果数的最大值设定为 10

> 结果被转换为输出，其中包含进行中的任务总数(不超过最大任务计数值 10)和每个任务的摘要

我们现在有 3 个 Lambda 函数，它们可以一起用于执行批量文件的实体识别:

(1) getTextBatch 选择有限数量的文件进行处理。

(2) startBatchProcessing 开始执行一批文件的实体识别。

(3) checkActiveJobs 报告正在进行的识别任务的数量。整合所有实体提取逻辑时，这将派上用场。

我们已经使用 sls invoke local 测试了 getTextBatch。接下来，我们将部署提取服务，并开始处理一批示例文本文件，看看这些功能在实践中是如何组合在一起的。

9.7　部署和测试批量实体识别

测试函数前应先部署提取服务。这与我们所有其他无服务器框架部署的方式相同:

```
cd extraction-service
npm install
sls deploy
```

接下来便可以使用无服务器框架 CLI 来调用远程函数。我们将向 startBatch-Processing Lambda 函数传递一个简单的 JSON 编码的路径数组。在这个例子中，我们将使用 incoming-texts S3 目录中已经存在的两个文件。这两个文件均包含 Apollo 11 示例文本。稍后，我们将对真实的会议网页数据进行实体识别。

```
sls invoke -f startBatchProcessing --data \
  "{\"paths\":[\"test/pending.txt\", \"test2/pending.txt\"]}"
```

如果执行成功，可看到如下输出，一个包含 batch ID 的 JSON 对象：

```
{
    "batchId": "20190829113049287"
}
```

接下来，将运行 checkActiveJobs 来报告活动的 Comprehend 任务的数量，如
代码清单 9-12 所示。

代码清单 9-12　checkActiveJobs 输出

```
{                                      ←  正在进行的任务总数
    "count": 1,
    "jobs": [                                          任务 ID 由 Comprehend
      {                                                生成
          "jobId": "acf2faa221ee1ce52c3881e4991f9fce",←
          "jobName": "20190829113049287",
          "submitTime": "2019-08-29T11:30:49.517Z"      任务名称与生成的 batch
      }                                                 ID 相匹配
    ]
}
```

5～10 分钟后，再次运行 checkActiveJobs，系统将报告无正在进行的任务。
此时，你可以检查作业的输出。

extract-service 目录包含一个 shell 脚本，可以用来方便地查找、提取和输出
批处理任务的结果。运行命令如下：

```
./scripts/get-batch_results.sh <BATCH_ID>
```

<BATCH_ID>可以用执行 startBatchProcessing 时显示的 batch ID 值替换。运
行此脚本将为每个示例文本打印表示 Comprehend 实体识别结果的 JSON。到目前为
止，在我们的示例中，批处理中的两个文件，都有关于 Apollo 11 的相同示例文本。

9.8　对识别结果进行持久化

我们已经看到了如何从命令行手动运行实体提取功能，并验证 NER 输出。在
用于会议站点爬取和分析的端到端应用程序中，我们希望保留实体提取结果。通
过这种方式，可以使用 API 为查找会议的观众提供演讲者姓名、会议地点和日期。

实体结果处理将由我们在开始实体识别任务时配置的输出文件夹中出现的
Comprehend 结果驱动。与 preparation 服务一样，我们将使用 S3 桶通知。你可在
serverless.yml 中找到用于提取服务的 processEntityResults 函数的配置，如代码清
单 9-13 所示。

代码清单 9-13   serverless.yml 中关于 processEntityResults 的配置

```
processEntityResults:
    handler: handler.processEntityResults
    events:
      - s3:
          bucket: ${env:ITEM_STORE_BUCKET}
          event: s3:ObjectCreated:*
          rules:

            - prefix: entity-results/
            - suffix: /output.tar.gz
          existing: true
```

通知配置与 preparation 服务 S3 存储桶通知位于同一个存储桶中。这一次，key 的后缀/前缀不同

正如在调用 startEntitiesDetectionJob 时指定的那样，所有的 Comprehend 结果都被持久化为 entity-results

Comprehend 写入其他临时文件。我们只对存储在 output.tar.gz 中的最终结果感兴趣

当结果到达时，将使用通知的 Lambda 函数来提取结果，并将它们保存在 frontier 服务中。由于 frontier 服务用于维护所有 URL 的状态，因此可以方便地将结果与爬取/提取状态一起存储。接下来分解所有这些步骤。

(1) S3 通知触发 processEntityResults 函数。

(2) 该对象作为流从 S3 中获取。

(3) 流被解压缩并提取。

(4) 解析输出中的每个 JSON 行。

(5) 每个 Comprehend 结果条目的结构都被转换为更易于访问的数据结构。结果按实体类型(PERSON、LOCATION 等)进行分组。

(6) 网页的 seed 和 URL 源自 S3 对象的路径(key)。

(7) 转换后的识别结果发送到 frontier 服务。

Lambda 函数和相关的内部函数(handleEntityResultLines、storeEntityResults)可以在提取服务的 handler.js 模块中找到。

9.9   整合所有功能

我们的会议站点爬取和识别应用程序的最后一项任务是将所有功能整合在一起，以便在为爬虫提供新页面数据时自动分析所有站点。

与第 8 章的做法相同的是，我们将使用 AWS Step Functions 来完成这项工作。

9.9.1   编排实体提取

图 9-5 显示了 step 函数中实现的控制逻辑，以及它与我们构建的 Lambda 函数的关系。

我们的会议数据提取过程是一个持续的循环，它检查新爬取的页面文本，并根据配置的并发作业限制启动异步实体识别。正如我们所见，结果处理是一个单

独的异步过程，由 S3 存储桶中的 Comprehend 结果的到达来驱动。

图 9-5 是 step 函数的简化版本。step 函数实际上并不支持持续执行事件，其最长执行时间为一年。该函数中也必须有一个可到达的结束状态。为了解决这个问题，我们在 step 函数中添加了一些额外的逻辑。我们将在 100 次迭代后终止函数的执行。这是一种安全措施，可避免忘记长期运行的任务——这些被遗忘的任务可能导致惊人的 AWS 成本。代码清单 9-14 摘录了部分 step 函数 YAML。完整版本包含在提取服务的 serverless.yml 文件中。

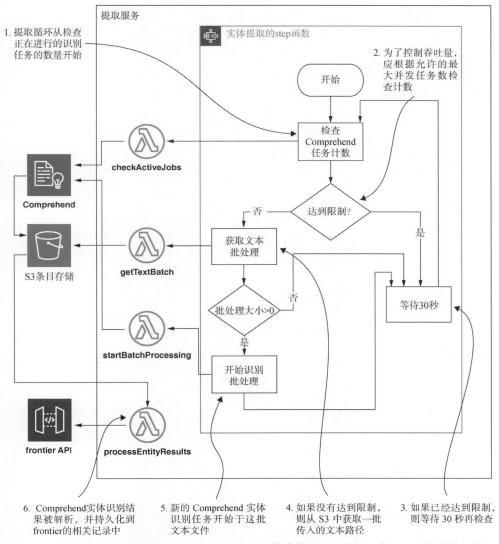

图 9-5　提取服务中的逻辑步骤是使用 AWS step 函数编排的。这确保了我们可以控制并行执行的机器学习任务的数量。它还可以扩展，从而支持高级错误恢复方案

代码清单 9-14   实体提取 step 函数配置概要

```
StartAt: Initialize                              开始状态将迭代计数初始化
States:                                          为 100
  Initialize:
    Type: Pass
    Result:
      iterations: 100
    ResultPath: $.iterator              迭代任务是循环的起点。它调
    Next: Iterator                      用 Lambda 函数来递减计数
  Iterator:
    Type: Task
    Resource: !GetAtt IteratorLambdaFunction.Arn
    ResultPath: $.iterator
    Next: ShouldFinish                       检查迭代次数。当循环执
  ShouldFinish:                              行 100 次时，状态机终止
    Type: Choice
    Choices:
      - Variable: $.iterator.iterations
        NumericEquals: 0
        Next: Done
    Default: Check Comprehend
  Check Comprehend:
    Type: Task
    Resource: !GetAtt CheckActiveJobsLambdaFunction.Arn
...

  Check Job Limit:                        现在已经运行了 checkActiveJobs 函数，
    Type: Choice                          可以将活动任务的数量与限制(10)进行
    Choices:                              比较
      - Variable: $.activeJobsResult.count
        NumericGreaterThanEquals: 10
        Next: Wait
    Default: Get Text Batch
  Get Text Batch:
    Type: Task
    Resource: !GetAtt GetTextBatchLambdaFunction.Arn
    ...
  Check Batch Size:                       检索传入的批处理文本。
    Type: Choice                          如果没有可用的文本，系
    Choices:                              统将会等待。如果有一项
      - Variable: $.textBatchResult.count 以上的文本，将开始实体
        NumericEquals: 0                  识别工作
        Next: Wait
    Default: Start Batch Processing
  Start Batch Processing:
    Type: Task
    Resource: !GetAtt StartBatchProcessingLambdaFunction.Arn
    ...

  Wait:                                   30 秒的等待时间是控制数据吞吐量的
    Type: Wait                            一个变量。还可以增加最大批处理大小
    Seconds: 30                           和 Comprehend 任务并发的数量
    Next: Iterator
  Done:
```

```
Type: Pass
End: true
```

extraction-service 中包含的 handler.js 模块里面提供了简单的迭代器函数。

9.9.2　端到端数据提取测试

我们已经完成了最终的无服务器 AI 应用程序的构建。到此，你已经应用了大量无服务器架构，学习了许多非常强大的 AI 服务，并构建了一些非常棒的支持 AI 的系统。恭喜你完成以上学习，是时候通过完整运行端到端会议数据爬取和提取应用程序来奖励自己了。让我们用会议网站的 URL 启动网络爬虫。然后，坐下来观察自动提取程序的运行，可以看到 AI 检测到的会议和发言人的详细信息不断出现。

与第 8 章结尾相同的是，我们将使用 seed URL 启动网络爬虫。这次，我们选择一个真正的会议网站。

```
aws stepfunctions start-execution \
  --state-machine-arn arn:aws:states:eu-west-
    1:1234567890123:stateMachine:CrawlScheduler \
  --input '{"url": "https://dt-x.io"}'
```

我们还将以相同的方式启动实体提取 step 函数。这个命令不需要 JSON 输入：

```
aws stepfunctions start-execution \
  --state-machine-arn arn:aws:states:eu-west-
    1:1234567890123:stateMachine:EntityExtraction
```

在这两种情况下，你都必须使用正确的值替换 step 函数 ARN。参照第 8 章，检索这些所需的 AWS CLI 命令如下：

```
aws stepfunctions list-state-machines --output text
```

状态机运行后，你可以在 AWS 控制台 Step Functions 部分查看它们，并通过在发生转换时单击状态，来监控它们的进度。图 9-6 显示了实体提取状态机的进度。

9.9.3　查看会议数据提取结果

为应用程序构建前端 UI 超出了本章的范围，scripts/get_extracted_entities.js 中收录了一个用于检查结果的便捷脚本。运行此脚本，即可执行 DynamoDB 查询以在 frontier 表中查找给定 seed URL 的提取实体。之后这些结果将汇总生成一个 CSV 文件，该文件总结了实体出现次数，以及使用机器学习过程找到的每个实体的平均分数。脚本执行如下：

```
scripts/get_extracted_entities.js https://dt-x.io
```

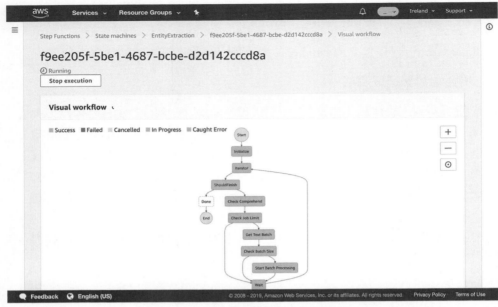

图 9-6　监控实体提取状态机的进度

该脚本使用 AWS 开发工具包，因此必须在 shell 中配置 AWS 凭据。该脚本将打印生成的 CSV 文件的名称，例如，本示例的文件名"https-dt-x-io.csv"。使用 Excel 等应用程序打开 CSV 可以查看结果。图 9-7 显示了我们对该会议网站爬取后的结果。

	A	B	C	D
1	TYPE	TEXT	SCORE	OCCURRENCES
94	PERSON	"John Ive"	0.9527598	20
95	PERSON	"Miljenko Logozar"	0.85046391	20
96	PERSON	"Tony Emerson"	0.99376531	20
107	PERSON	"Garry Kasparov"	0.9955527	18
114	PERSON	"Martin Hodgson"	0.99427857	16
136	PERSON	"David"	0.99587886	15
137	PERSON	"Eoin"	0.93749535	15
138	PERSON	"Evans"	0.96828755	15
139	PERSON	"Graham Cluley"	0.99404368	15
140	PERSON	"Marc Laliberte"	0.9815384	15
141	PERSON	"Nathan Gilks"	0.99746644	15
142	PERSON	"Rik Ferguson"	0.99720652	15
164	PERSON	"Samantha Humphries"	0.99822296	12
170	PERSON	"Andrew Wertkin"	0.9965686	11
171	PERSON	"Anthony Bartolo"	0.88191562	11
172	PERSON	"Bertie Mᵥ⁰ller"	0.80204489	11
173	PERSON	"David Archer"	0.99481245	11
174	PERSON	"Eoin Shanaghy"	0.95193299	11
175	PERSON	"Ian Evans"	0.99713113	11
176	PERSON	"Martin Blackburn"	0.98437178	11
177	PERSON	"Paul D‚Äô̂Cruz"	0.98331405	11
178	PERSON	"Pedro Martins"	0.89618025	11
179	PERSON	"Richard Czech"	0.97461359	11

250 of 1408 records found

图 9-7　查看会议网站爬取结果

在这种情况下，我们已经对结果进行过滤，仅显示 PERSON 实体。结果包括被爬取网站的所有页面中提到的每个人。本次会议有一些很棒的演讲者，包括本书的两位作者。

你可以随意尝试其他会议站点，从而测试会议信息爬虫和提取器的局限性。与往常一样，请记住你在 AWS 上的使用成本。随着使用数量的增长，所带来的成本可能会很昂贵[1]，尽管有 AWS 免费套餐可用，但所能提供的资源有限。如有疑问，请停止任何正在运行的 step 函数状态机，并在完成测试后立即删除已部署的应用程序。chapter8-9 代码目录包含了一个 clean.sh 脚本来帮助清理环境。

9.10　工作总结

你已经完成了最后一章。感谢你的坚持与努力，完成了所有的学习内容。在本书中，我们构建了：

- 一种具有物体检测功能的图像识别系统
- 语音驱动的任务管理应用程序
- 聊天机器人
- 自动识别文档的扫描程序
- 电子商务系统的人工智能集成。可确定客户产品评论背后的情绪，使用自定义分类器对其进行分类，并将其转发给正确的部门
- 一个会议网站爬虫。它使用实体识别来查找会议信息，包括演讲者简介和会议地址

我们还介绍了许多想法、工具、技术和架构实践。尽管无服务器和人工智能是快速发展的主题，但这些基本原则将一直适用于构建令人惊叹的支持 AI 的无服务器系统。

我们很感激你阅读本书。要了解更多信息，请查看 fourTheorem 博客(https://fourtheorem.com/blog)，你可以在其中找到更多关于 AI、无服务器架构等技术的文章。

有关这些主题的所有更新，请在 Twitter 和 LinkedIn 上关注我们。

- Peter Elger：@pelger，linkedin.com/in/peterelger
- Eóin Shanaghy：@eoins，linkedin.com/in/eoins

9.11　本章小结

- 事件驱动计算是使用 S3 通知和 AWS Lambda 实现的。

1　Amazon Comprehend 成本，https://aws.amazon.com/comprehend/pricing/。

- 死信队列捕获未传递的消息。它可以与 AWS Lambda 和 SQS 一起实施，从而防止数据丢失。
- 命名实体识别是自动识别文本中的名称、地点和日期等实体的过程。
- Amazon Comprehend 有多种操作模式，可以根据要分析的文本数量进行选择。
- Comprehend 可用于执行异步批量实体识别。
- Step 函数可用于控制异步 AI 分析任务的并发性和吞吐量。
- Comprehend 产生的机器学习分析数据可以根据应用的业务需求进行提取和转换。

警告 请确保已完全移除本章部署的所有云资源，以免产生额外费用。

附录 *A*

设置AWS账户

本附录适用于不熟悉 Amazon Web Services 的读者，解释了如何在 AWS 上进行设置以及如何为本书中的示例配置环境。

A.1 设置 AWS 账户

在开始使用 AWS 之前，需要创建一个账户。你的账户是所有云资源的集合。如果需要多人访问，可以将多个用户附加到一个账户中。默认情况下，你的账户将有一个 root 用户。要创建账户，需要准备以下信息：

- 用于验证身份的电话号码
- 一张用来支付账单的信用卡

注册过程包括 5 个步骤：

(1) 提供登录凭据。

(2) 提供联系信息。

(3) 提供付款详细信息。

(4) 验证身份。

(5) 选择技术支持计划。

在浏览器中访问 https://aws.amazon.com，然后单击 Create a Free Account 按钮。

A.1.1 提供登录凭据

创建 AWS 账户首先要定义一个唯一的 AWS 账户名称，如图 A-1 所示。AWS 账户名称在所有 AWS 客户中必须是全球唯一的。除了账户名称，还必须指定用于验证 AWS 账户 root 用户身份的电子邮件地址和密码。我们建议你选择一个强密码，从而防止账户被滥用，使用至少包含 20 个字符的密码。保护你的 AWS 账户免遭不必要的访问，对于避免数据泄露、数据丢失或不必要的资源使用至关重要。

花一些时间研究如何对账户使用多重身份验证(MFA)也是值得的。

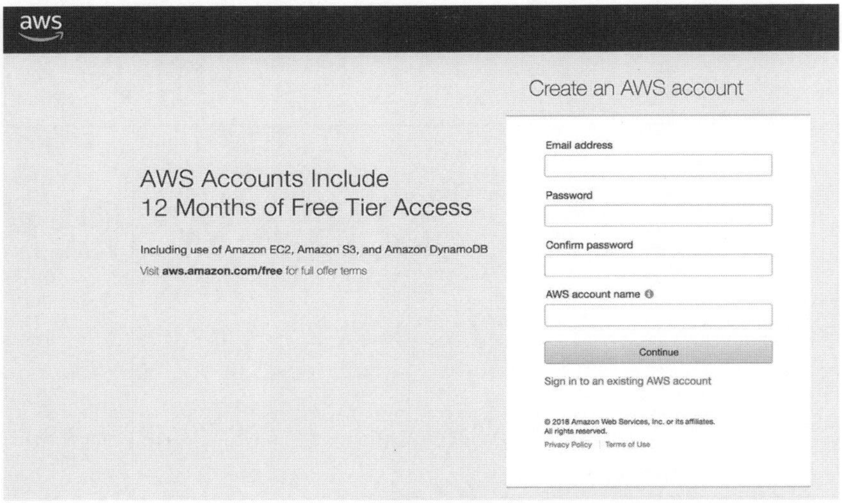

图 A-1　创建 AWS 账户：注册页面

下一步添加联系人信息，如图 A-2 所示。填写所有必要的字段，然后继续。

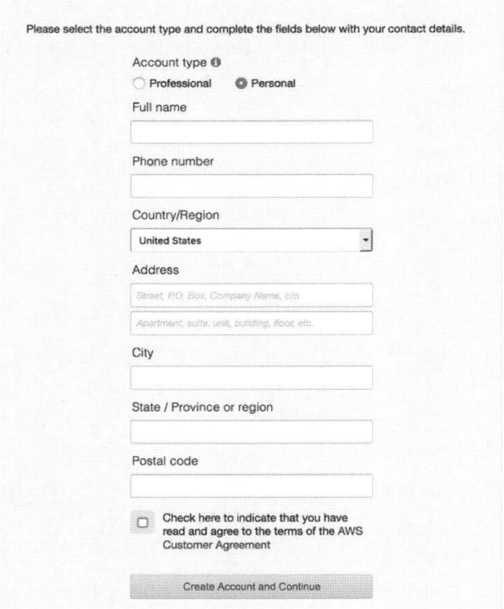

图 A-2　创建 AWS 账户：提供联系信息

A.1.2　提供付款详情

接下来，系统将显示如图 A-3 所示的界面询问你的支付信息。提供你的信用卡信息。此处有个将货币单位从美元更改为澳元、加元、瑞士法郎、丹麦克朗、欧元、英镑、港币、日元、挪威克朗、新西兰元、瑞典克朗或荷兰盾的选项。如果你选择此选项，以美元计算的金额将在月底转换成你选择的当地货币。

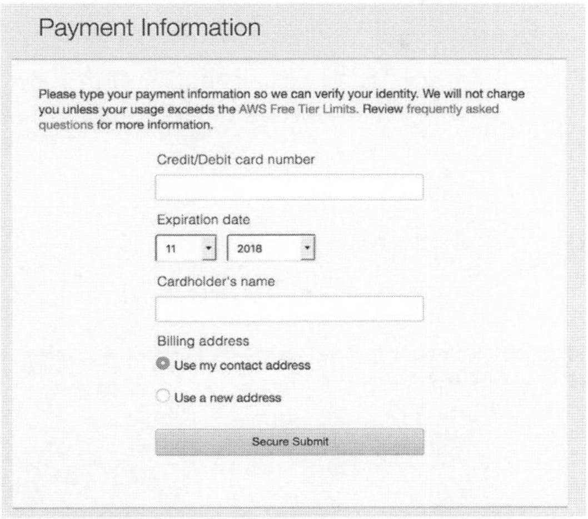

图 A-3　创建 AWS 账户：提供支付详情

A.1.3　验证身份

下一步是验证身份。图 A-4 显示了该流程的第一步。在完成表单的第一部分之后，你将接到来自 AWS 的电话。语音机器人会要求你输入密码。网站上将显示 4 位密码——该密码必须用电话输入。身份验证之后，就可以继续执行最后一步了。

图 A-4　创建 AWS 账户：验证身份

A.1.4　选择技术支持计划

最后一步是选择技术支持计划，如图 A-5 所示。在本例中，选择 Basic Plan(基本计划)，它是免费的。如果以后要为业务创建 AWS 账户，我们建议使用 Business Plan(业务计划)。可以在以后切换支持计划。你可能需要等待几分钟，直到你的账户准备好。单击"Sign In to the Console"，如图 A-6 所示，首次登录到你的 AWS 账户。

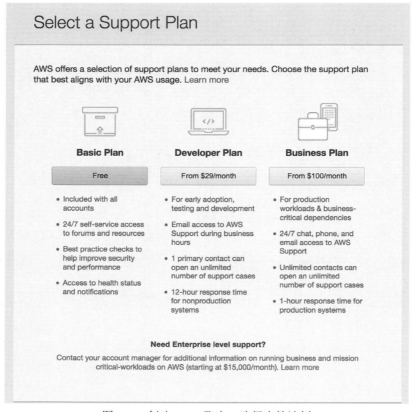

图 A-5　创建 AWS 账户：选择支持计划

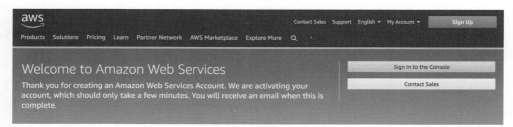

图 A-6　创建 AWS 账户：已成功创建 AWS 账户

A.2　登录 AWS

现在，你有了一个 AWS 账户，可以登录到 AWS 管理控制台。管理控制台是一个基于 Web 的工具，你可以使用它来检查和控制 AWS 资源。控制台拥有 AWS API 的大部分功能。图 A-7 显示了 https://console.aws.amazon.com 上的登录表单。输入电子邮件地址，单击 Next 按钮，然后输入密码即可登录。

图 A-7　创建 AWS 账户：登录到控制台

成功登录后，将打开控制台的开始页面，如图 A-8 所示。

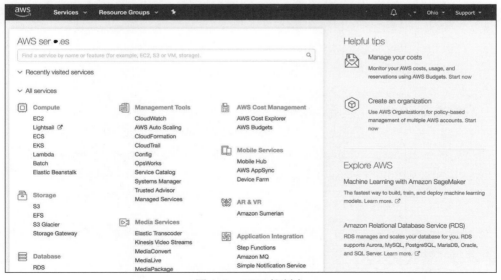

图 A-8　AWS 控制台

A.3　最佳实现

在前面的部分中，我们已经介绍了 AWS root 账户的设置。如果你仅打算将此账户用于实验目的，则可以直接开始工作。但是，请注意，不鼓励在生产工作环境中使用 root 账户。对该主题的完整介绍超出了本书的范围，但我们强烈建议你使用 AWS 账户最佳实践，例如设置 IAM 用户、组和角色，请参考 AWS 文章：http://mng.bz/nzQd。我们还推荐你上 AWS 安全博客，该博客上有了解 AWS 相关安全主题的最新资源：https://aws.amazon.com/blogs/security/。

A.4　AWS 命令行接口

创建、编辑或检查 AWS 云资源有多种选择：
- 手动方式，在 Web 浏览器中使用 AWS 控制台。
- 编程方式，将 AWS SDK 用于你选择的编程语言。AWS 支持多种语言，包括 JavaScript 和 Python。
- 使用无服务器框架等第三方工具。这些工具通常在后台使用 AWS 开发工具包。
- 使用 AWS 命令行接口(CLI)。

在本书中，我们将尽可能使用无服务器框架。在某些情况下，我们将使用 AWS CLI 执行命令。这样做的目的是避免使用 AWS 控制台。AWS 控制台足以进行实验和熟悉 AWS 产品，它也是最容易使用的。但是，随着你对 AWS 的了解不断加深，了解 AWS CLI 和 SDK 绝对是值得的。出于以下原因应使用编程选项：
- 代码(包括 CLI 命令)提供了更改记录。
- 可以将代码置于版本控制之下(例如 Git)并有效管理代码变更。
- 可以快速重做操作，而无须执行许多手动步骤。
- 避免点击式界面中常见的人为错误。

让我们设置 AWS CLI 开始运行 CLI 命令吧。

AWS CLI 的安装方法取决于操作系统。在 Windows 操作系统中，只需下载 64 位(https://s3.amazonaws.com/aws-cli/AWSCLI64PY3.msi)或 32 位(https://s3.amazonaws.com/aws-cli/AWSCLI32PY3.msi)安装程序。

A.4.1　在 Linux 上安装 AWS CLI

大多数 Linux 包管理器为 AWS CLI 提供快速安装选项。在基于 Ubuntu 或 Debian 的系统中使用 apt：

```
sudo apt install awscli
```

在使用 yum 的发行版中，如 CentOS 和 Fedora，可输入以下命令：

```
sudo yum install awscli
```

A.4.2　在 MacOS 上安装 AWS CLI

对于使用 Homebrew 的 MacOS 用户，最简单的安装方法是使用 Homebrew：

```
brew install awscli
```

A.4.3　在其他平台上安装 AWS CLI

如果你的系统与前述的情况不同，你可以尝试替代方法，例如使用 pip 在 Python 环境中安装 AWS CLI。有关详细信息，请参阅 AWS CLI 安装文档 (http://mng.bz/X0gE)。

A.4.4　配置本地 AWS 环境

要从本地开发系统访问 AWS 服务，需要创建一个 API 访问密钥对，并使其可用于开发 shell。为此，首先重新登录你的 AWS 账户，然后从 AWS 用户菜单中选择 My Security Credentials，如图 A-9 所示。

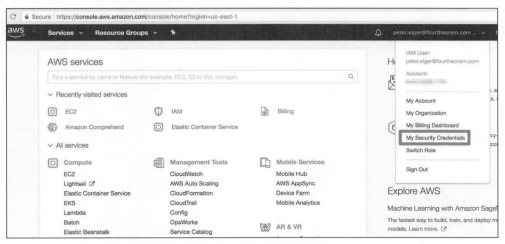

图 A-9　AWS 安全凭据菜单

接下来，从 AWS 用户列表中选择用户名，然后从用户摘要屏幕中选择 Create Access Key，如图 A-10 所示。

图 A-10　AWS 用户摘要界面

AWS 将创建一个 API 访问密钥对。要使用这些密钥，请下载 CSV 文件，如图 A-11 所示。

图 A-11　AWS 创建密钥对话框

将此 CSV 文件存储在安全的地方以供以后使用。CSV 文件包含两个标识符：访问密钥 ID(Access key ID)和加密访问密钥(Secret access key)。其中的内容参见代码清单 A-1。

代码清单 A-1　AWS 凭据的 CSV 文件

```
Access key ID,Secret access key
ABCDEFGHIJKLMNOPQRST,123456789abcdefghijklmnopqrstuvwxyz1234a
```

要使用这些密钥进行访问，需要将它们添加到开发 shell 中。对于类 UNIX 系统，这可以通过将环境变量添加到 shell 配置中来实现。例如，Bash shell 用户可以将这些添加到.bash_profile 文件中，如代码清单 A-2 所示。

代码清单 A-2　在 bash_profile 中添加 AWS 凭据

```
export AWS_ACCOUNT_ID=<your aws account ID>
export AWS_ACCESS_KEY_ID=<your access key ID>
export AWS_SECRET_ACCESS_KEY=<your secret access key>
export AWS_DEFAULT_REGION=eu-west-1
export AWS_REGION=eu-west-1
```

注意　我们已经设置了 AWS_REGION 和 AWS_DEFAULT_REGION 环境变量。这是由于 JavaScript SDK 和 CLI 之间不匹配造成的。AWS CLI 使用 AWS_DEFAULT_REGION，而开发工具包使用 AWS_REGION。我们希望这会在未来的版本中得到纠正，但就目前而言，简单的解决方法是将两个变量设置为同一区域。

Windows 用户需要使用控制面板中的系统配置对话框来设置这些环境变量。请注意，为了使这些环境变量生效，你需要重新启动开发 shell。

管理密钥

还有多种方法可以通过使用配置文件来配置 AWS API 访问。为方便起见，我们在本地开发中使用了环境变量。

在管理访问密钥时，你应该谨慎行事，以确保它们不会在无意间泄露。例如，向公共 Git 存储库添加访问密钥是一个非常糟糕的做法。

注意，我们建议仅在本地开发环境中为 AWS API 密钥使用环境变量。我们不建议你在生产环境中这样做。有一些服务可以帮助管理密钥，比如 AWS 密钥管理服务(Key Management Service，KMS)。对这个主题的全面论述超出了本书的范围，在此不再赘述。

A.4.5　检查设置

运行以下命令，确认设置是否正确：

```
$ aws --version
$ aws s3 ls s3://
```

上述命令都应该没有错误。如果不是这样，那么请回看本附录中前面的内容，并仔细进行核对。

AWS托管AI服务的数据需求

第 1 章给出了 AWS 托管 AI 服务的表格。本附录对该表进行了扩展，以显示每个服务的数据需求，如表 B-1 所示。该表还注明了每个服务是否支持训练。你可以使用本指南以及在第 7 章中学到的有关数据收集的知识，来确保拥有正确的数据，并进行了充分的数据准备。

表 B-1　AI 服务的数据需求

应用	服务	数据需求	训练支持
Machine translation	AWS Translate	源语言中的文本	Translate 不支持、不需要自定义训练。但是，可以定义特定于你领域的自定义术语
文件分析	AWS Textract	高质量的文档图像	无须训练
关键词	AWS Comprehend	文本	无须训练
情绪分析	AWS Comprehend	文本	无须训练
主题建模	AWS Comprehend	文本	无须训练
文档分类	AWS Comprehend	带有分类标签的文本	需要训练。第 6 章介绍了自定义分类器
实体提取	AWS Comprehend	文本。对于自定义实体训练，需要标记实体	无须训练即可提取标准实体(名称、日期和位置)。还可以通过提供一组带有实体标签的文本来使用自定义实体训练 AWS Comprehend
聊天机器人	AWS Lex	文字表达	无须训练。AWS Lex 基于示例表达和配置的槽创建模型。第 4 章有相关介绍

(续表)

应用	服务	数据需求	训练支持
语音到文本	AWS Transcribe	音频文件或流音频	无须训练,但可以添加自定义词汇和发音以优化结果
文本到语音	AWS Polly	文本,可选择使用 SSML 注释	无须训练。第 4 章介绍了 AWS Polly
对象、场景和活动检测	AWS Rekognition	图像或视频	无须训练
面部识别	AWS Rekognition	图像或视频	无须训练,但可以添加自定义面孔
面部分析	AWS Rekognition	图像或视频	无须训练
图像中的文字	AWS Rekognition	图像	无须训练
时间序列预测	AWS Forecast	时间序列数据和条目元数据	需要训练。AWS Forecast 根据你提供的历史数据和元数据来训练模型
实时个性化和推荐	AWS Personalize	条目目录和用户数据	需要训练。AWS Personalize 可以训练模型,并根据提供的数据选择最佳算法

　　如你所见,大多数服务都不需要模型训练。在这些情况下,数据收集和学习过程大大简化。无论是训练还是使用预训练的模型,AWS 都对所需数据的类型及其应采用的格式制定了明确的规范。

AI应用的数据源

第 7 章概述了良好的数据收集和准备在构建支持 AI 的应用程序中的重要性。本附录列出了一些你可能会使用的数据源，以确保你拥有 AI 成功应用所需的正确数据。

C.1 公开数据集

1. Registry of Open Data on AWS(https://registry.opendata.aws)包含除 PB 级的 Common Crawl 数据集 (http://commoncrawl.org/the-data)以外的数据集。

2. 公共 API，例如 Twitter API，提供了大量数据。第 6 章中讲解了如何使用社交媒体帖子进行分类和情绪分析。

3. Google 提供一个公共数据集搜索引擎(https://toolbox.google.com/datasetsearch)和一个公共数据集列表(https://ai.google/ tools/datasets/)。

4. Kaggle 提供一个包含数千个数据集的目录(https://www.kaggle.com/datasets)。

5. 现在可以使用许多政府数据源。例如美国在 https://data.gov 上公开的政府数据。

6. 如果你是一位觉得第 2 章关于猫咪的内容过多的爱狗人士，那么斯坦福小狗数据集(http://vision.stanford.edu/aditya86/ImageNetDogs/)中提供的 20 000 张小狗图片会让你感到欣慰。

提示　许多公共数据集的使用都需要授权。请做好功课并了解在工作中使用数据集的法律要求。

C.2　软件分析和日志

除了公开的、预先打包的数据外，还有很多方法可以为机器学习应用程序收集数据。现有的软件系统具有分析和日志数据，可以用于机器学习算法准备和优化：

- 从 Web 和移动应用程序收集有关最终用户交互数据的分析平台是有关用户行为和交互的原始数据的宝贵来源，例如 Google Analytics。
- Web 服务器和后端应用程序日志或审计日志也可能是与系统间和系统内交互的综合数据来源。

C.3　人工数据收集

在数据不易获得且需要大规模收集或转换的情况下，有多种方法可以外包这项工作。

- 数据收集公司提供收集(通过调查或其他方式)或转换数据的服务。
- 有 API 驱动的外包服务。Amazon Mechanical Turk(MTurk)就是一个众所周知的例子(https://www.mturk.com/)。
- 我们中的许多人都经历过无数次的验证码核查，来证明我们不是机器人。这个服务实际上提供了两个优势。像 reCAPTCHA 这样的服务也可以作为一种为图像识别算法收集带标签的训练数据的手段[1]。

C.4　设备数据

某些应用程序，可以使用软件监控工具或硬件传感器从现有系统收集遥测数据：

- 传感器不再局限于工业自动化设备。物联网(IoT)设备正在许多环境中变得流行，并产生潜在的巨大数据集。
- 静态图像或视频摄像机可以用来收集图像数据，然后进行训练和分析。举个例子，想想谷歌街景所需的图像捕获的规模；以及 reCAPTCHA 是如何被用来作为一种手段，大规模标记这些图像。

1　James O'Malley，"验证码：你可能在无意中已经训练人工智能许多年。" TechRadar，2018年 1 月 12 日，https://www.techradar.com/news/captcha-if-you-can-how-youve-been-training-ai-for-yearswithout-realising-it。

附录 *D*

设置DNS域和证书

本书中介绍的几个系统需要一个通用的 AWS 设置，该设置应通过 AWS 管理控制台而非编程来完成。这是因为需要一些手动验证。在运行示例系统之前，请确保你已完成以下设置。

D.1　设置域

当你为 S3 存储桶和 API 网关等 AWS 资源创建动态 HTTP 端点时，AWS 将为这些端点生成一个 URL。在不构建生产应用程序时，可以使用这些生成的名称。然而，它很快变得令人沮丧。每次删除和销毁这些资源时，URL 都可能会更改。它们的字符也很长，很难记住。为了避免这些问题，我们将注册一个域。AWS 中的 Route 53 服务可简化该过程。或者，如果你已经拥有一个域并希望使用它，或者希望使用已注册域的子域，请参阅 Route 53 文档(http://mng.bz/Mox8)。

D.1.1　注册域名

我们将介绍使用 Route 53 从头开始注册新域的过程。

如果你在此 AWS 账户上还没有任何与域相关的资源，可单击主 AWS 控制台的网络部分中的 Route 53 链接(假设已展开所有服务控件)进入介绍界面。如果你已经创建了资源，单击则会跳转到 Route 53 面板。

图 D-1 是 Route 53 介绍页面。如你所见，Route 53 旨在提供 4 种不同、但密切相关的服务：域注册(亚马逊是域名注册商)；DNS 管理，可用于把流量定向到域；流量管理，处理流量重定向；可用性监控，用来确认目标资源正在按预期方式运行。在此只关注域注册和 DNS 管理。

图 D-1　Amazon Route 53 介绍页面显示了该服务的 4 个不同元素

单击域注册下方的 Get Started Now 按钮，然后单击 Register Domain。输入名称的主要部分，例如，注册 acme-corporation.com 可输入 acme-corporation。下拉菜单会显示.com、.org、.net 等域及其年度注册费用。选择一项，然后单击 Check 按钮。Route 53 将搜索在线记录以查看该组合当前是否可用。找到适合的域名后，将其添加到购物车，然后通过结账流程支付第一年的注册费。域注册的费用通常在每年 10 美元到 15 美元之间，这个费用不包含在免费套餐中。很快，你的新域将出现在 Route 53 面板中。你的域注册完成可能需要一段时间。此时，你已准备好继续配置域，并将其用于新开发的无服务器 AI 应用程序。

注意　你可以自行选择是否使用 Route 53 进行域名注册。有可能其他供应商的方案价格更优惠。你甚至可以将 Route 53 的其他功能用于通过其他公司注册的域。

D.1.2　配置托管区域

你的域现已完成注册，但你还没有告诉它如何处理传入的请求。Route 53 将自动为你注册的域创建托管区域(Hosted Zone)。单击控制台的 Route 53 部分中的 Hosted Zone，然后单击指向新托管区域的链接。打开一个包含两个预先创建的记录集的页面。

- Start of authority (SOA)：标识域的基本 DNS 配置信息。
- NS：列出可以查询你的域名托管服务商的权威域名服务器。这些是为域名翻译请求提供答案的公共服务。

注意　记录集：定义域行为特定方面的一组数据记录。

别乱动这两套记录。它们本身不足以让你的新域名完全可用。稍后，我们将使用 Serverless 框架自动添加一个新记录，它将告诉所有使用你的域名服务器的人(通过将他们的浏览器指向你的域名)请求我们的应用程序使用的 IP 地址。

D.2　设置证书

Web 安全是一个广泛的主题，远远超出了本书的范围。但我们仍然希望确保能对所有网络流量使用 HTTPS。使用纯 HTTP 的日子已经一去不复返了，尽早考虑安全最佳实践是件好事。为了便于管理证书生成和续订，我们将使用 AWS Certificate Manager。

D.2.1　生成新证书

在 AWS 控制台中，单击网络部分的 Certificate Manager 链接。这将带你进入证书管理器面板，如图 D-2 所示。

图 D-2　证书管理器介绍页面

在 Provision Certificates 部分下选择 Get Started，然后选择 Request a Public Certificate 选项。如图 D-3 所示，Request a Certificate 页面允许我们为证书指定域。我们将申请通配符证书，从而可以用于注册域的所有子域。例如，如果注册了 stuff.org，通配符证书将保护 api.stuff.org 和 www.stuff.org。

添加*.stuff.org(通配符域名)和 stuff.org。然后，单击 Next 按钮以选择验证方法。这将显示一个类似于图 D-3 所示的页面。

　　AWS 控制台将请求对你添加的域进行验证，以确保你是所有者，如图 D-4 所示。

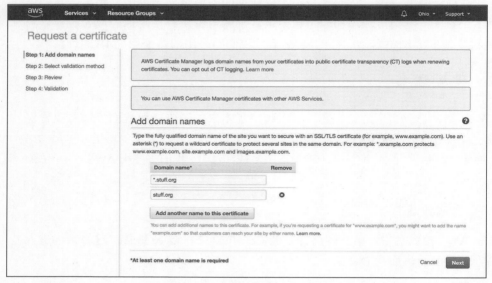

图 D-3　选择要使用证书保护的域名

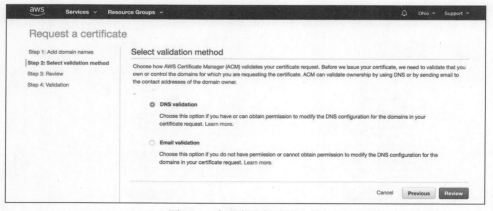

图 D-4　为证书选择验证方法

　　选择 DNS 验证并确认此选择。由于我们使用 Route 53 注册了域，因此可以选择在托管区域中自动创建特殊的验证 DNS 条目。展开每个域的部分，如图 D-5 所示。

　　单击 Route 53 中的 Create Record。在选择继续之前为每个域确认此步骤。

　　在验证域并完成证书配置之前，你可能需要等待最多 30 分钟。完成此操作后，证书管理器会将你的证书状态显示为 Verified，如图 D-6 所示。

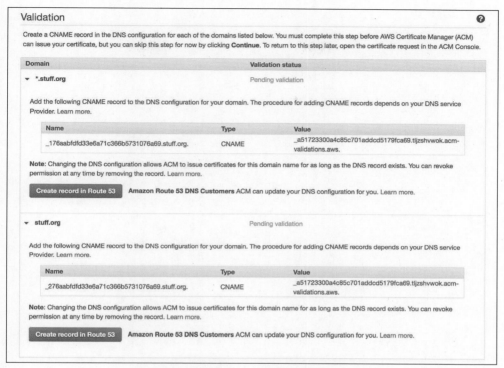

图 D-5　使用 Route 53 创建验证 DNS 记录

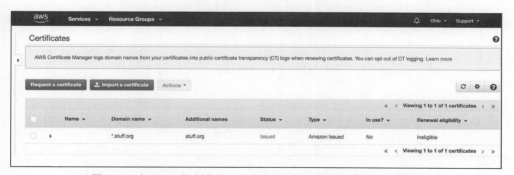

图 D-6　在 AWS 控制台的证书管理器中，显示经过验证的证书

至此，你已注册域并创建了关联的 SSL/TLS 证书，从而确保流量加密。稍后你将使用这个域来访问新部署的应用程序。

底层的无服务器框架

在本附录中，我们将更详细地了解 AWS 上的无服务器技术，尤其是无服务器框架，本书中的许多示例系统都使用了该框架。

正如在第 1 章中提到的，无服务器一词并不意味着没有服务器的系统，这意味着我们可以构建系统而无须关心底层服务器基础设施。通过使用无服务器技术，我们能够提升抽象级别，更多地关注应用程序逻辑，而不是底层技术上的"繁重工作"。

支持无服务器的一个关键概念是基础架构即代码(IaC)。IaC 允许我们将系统的整个基础结构视为源代码。这意味着我们可以将其存储在版本控制系统(如 Git)中，并将软件开发最佳实践应用到其创建和维护中。

所有主流的云服务提供商都支持一些 IaC 机制。在 AWS 上，支持 IaC 的服务被称为 CloudFormation。

CloudFormation 可以通过创建 JSON 或 YAML 格式的模板文件来配置。尽管可以使用文本编辑器直接编写模板，但对于大型系统来说，这很快就会显得笨拙，因为模板非常冗长。有许多工具可以帮助开发人员使用 CloudFormation，如 SAM、AWS CDK 和无服务器框架。还有一些其他的工具，比如 HashiCorp 的 Terraform，可以服务多云策略，我们在这里暂不讨论。

虽然无服务器框架可以用来部署任何 AWS 资源，但它是面向管理和部署无服务器 Web 应用的。通常这些指的是 API 网关、Lambda 函数和数据库资源(如 DynamoDB 表)。可以将无服务器配置文件视为描述这些类型应用程序的特定域语言(domain-specific language，DSL)。

图 E-1 描述了无服务器框架如何与 CloudFormation 合作。

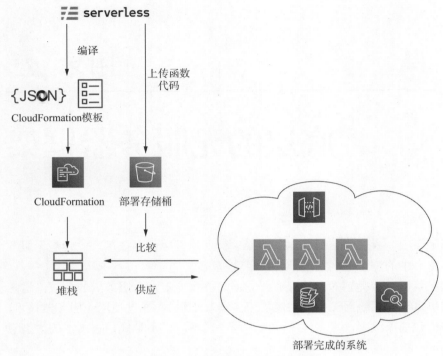

图 E-1　CloudFormation 工作流

　　在部署时，Serverless 配置文件(Serverless .yml)被"编译"成 CloudFormation 模板。创建一个部署存储桶，并上传每个定义的 Lambda 函数的代码构件。为每个Lambda 函数计算哈希值，并包含在模板中。然后，Serverless 调用 CloudFormation UpdateStack 方法来将部署工作委托给 CloudFormation。之后，CloudFormation 继续查询现有的基础设施。在发现差异的地方——例如，如果定义了一个新的 API 网关路由——CloudFormation 将进行必要的基础设施更新，从而使部署与新编译的模板保持一致。

E.1　演练

　　让我们看一个简单的 Serverless 配置文件，并详细介绍部署过程。首先创建一个新的名为 hello 的空目录。执行 cd 命令进入这个目录并创建一个文件 serverless.yml。将代码清单 E-1 中显示的代码添加到此文件中。

代码清单 E-1　简单的 serverless.yml

```
service: hello-service

provider:
```

```
  name: aws
  runtime: nodejs10.x
  stage: dev
  region: eu-west-1

functions:
  hello:
    handler: handler.hello
    events:
      - http:
          path: say/hello
          method: get
```

接下来在同一目录中创建一个 handler.js 文件，并将代码清单 E-2 中的代码添加到其中。

代码清单 E-2　简单的处理函数

```
'use strict'

module.exports.hello = async event => {
  return {
    statusCode: 200,
    body: JSON.stringify({
      message: 'Hello!',
      input: event
    },
    null, 2)
  }
}
```

现在让我们将此处理程序部署到 AWS 中。在部署之前，你需要设置一个 AWS 账户，并配置命令行工具。如果你还没有这样做，请参阅附录 A，其中介绍了设置过程。

要部署这个简单的应用程序，请运行如下命令：

```
$ serverless deploy
```

我们来看看在部署过程中创建的工件。在部署这个应用程序时，框架在应用程序目录中创建了一个名为.serverless 的本地工作目录。查看此目录，可看到代码清单E-3 中列出的文件。

代码清单 E-3　无服务器工作目录

```
cloudformation-template-create-stack.json
cloudformation-template-update-stack.json
hello-service.zip
serverless-state.json
```

这些文件用于以下目的：

- cloudformation-template-create-stack.json 用于为代码工件创建 S3 部署存储桶(如果尚不存在)。
- cloudformation-template-update-stack.json 包含要部署的已编译 CloudFormation 模板。
- hello-service.zip 保存了 Lambda 函数的代码包。
- serverless-state.json 保存当前部署状态的本地副本。

登录 AWS Web 控制台准确查看框架部署的内容。首先进入 S3 并搜索包含字符串'hello'的存储桶，找到一个名为 hello-service-dev-serverlessdeploymentbucket-zpeochtywl7m 之类的存储桶。这是框架用于将代码推送到 AWS 的部署存储桶。查看此存储桶的内部，将看到类似于代码清单 E-4 的结构。

代码清单 E-4　无服务器部署桶

```
serverless
  hello-service
    dev
      <timestamp>
        compiled-cloudformation-template.json
        hello-service.zip
```

<timestamp>被替换为你运行部署的时间。当对服务进行更新时，框架会将更新后的模板和代码推送到此存储桶来进行部署。

接下来，使用 AWS 控制台导航到 API Gateway 和 Lambda Web 控制台。单击右上角的 Services 链接，然后搜索 lambda 和 api gateway，如图 E-2 所示。

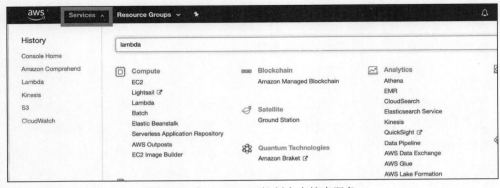

图 E-2　在 AWS Web 控制台中搜索服务

Lambda 和 API Gateway 控制台将显示已部署的服务实例，如图 E-3 和图 E-4 所示。

图 E-3   已部署的 Lambda 函数

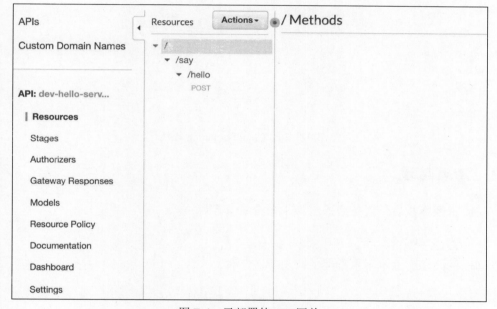

图 E-4   已部署的 API 网关

最后，打开 CloudFormation Web 控制台即可看到已部署的服务模板，如图 E-5 所示。

了解框架的部署过程有助于在出现问题时诊断问题。要记住的关键是 serverless deploy 将部署委托给 CloudFormation UpdateStack，如果出现问题，可以使用 AWS 控制台查看堆栈更新历史记录和当前状态。

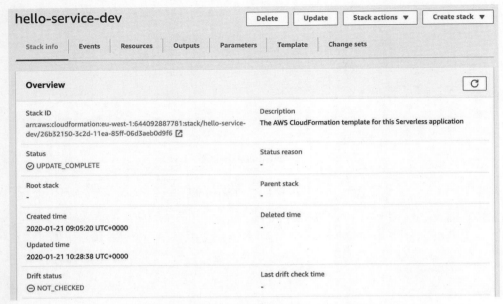

图 E-5　已部署完毕的 CloudFormation 堆栈

E.2　清理环境

完成示例堆栈后，请务必通过如下命令将其删除：

```
$ serverless remove
```

确保框架已删除本附录描述的所有相关工件。